大医小成

PRACTICE IN HEALTHCARE BUILDING DESIGN

陈国亮 CHEN GUOLIANG 著

同济大学出版社（上海）

序

新中国成立后，尤其是改革开放以来，随着深化医药卫生体制改革进程的持续推进，我国分级诊疗制度、现代医院管理制度不断完善，医疗服务能力大幅提升，服务全民的基本医疗卫生制度框架日趋明晰，全国各地综合医院、专科医院的建设加速推进，医疗健康保健的配套设施和服务水平得到了快速发展。我国正迎来医疗健康产业发展的黄金时代。

在这样的时代背景下，中国的医院建筑设计师经历了大量建设实践的锻炼，改变了早期"仰望"国外同行的状况，不但掌握了前沿的建设技术，更拥有了广阔的国际视野，逐步与世界一流的医疗建设领域接轨，成为中国医疗健康事业的重要参与者和建设者。

我与陈国亮相识已有 20 多年，对于他在医院建筑设计领域的项目成果我一直关注，他的思考我也非常关心。多年来，我们虽深耕于各自的岗位，却分别参与并共同见证了中国医疗建设领域的发展历程和成就。在过去数十年间，他带领团队在医院建筑设计领域不断耕耘，秉持系统化、人性化、品质化的设计理念，完成了一大批的医院建筑项目，他的团队也成为国内一支素质过硬的专业医院建筑设计团队。

同为医疗建设领域的从业者，我深知打磨一个好的项目固然重要，通过记录建设过程中的所见所得和所学所悟，让每一个经典项目都能以图文并茂的方式完整地跃然于纸上也同等重要。这是一份匠人的执业操守，也是匠心的宝贵传承。

　　本书汇集由陈国亮和他的团队设计完成的代表性医院项目 20 多个，详细阐述了他们的医院规划理念和建筑设计的特点，充分诠释了其所倡导的"在医院建筑领域，没有'最好'，只有'最合适'"的设计理念。

　　当今很多行业的发展比以往任何一个时代都更加迅猛，医院建筑设计与建设也同样经历着深刻的变革。作为医疗建设领域的建筑师，我们既要承担责任，又要坚守使命；既要严谨务实，又要创新求变；既要适应时代变化与行业发展的态势，不断学习和成长，又要为行业知识与项目经验的传承奉献自己一份微薄的力量——这就是本书的价值和目的所在。

孟建民

中国工程院院士、建筑师

前言 我的故事不多，
我的项目就是我的故事

1986 年，我毕业于同济大学建筑系，同年进入上海建筑设计研究院从事建筑设计工作，自此正式开启了个人的职业建筑师生涯。

十年后的 1996 年，一个机缘巧合的机会，让我能够跟随当时上海建筑设计研究院的总建筑师邢同和先生一起参与华山医院病房综合楼的设计工作。

在此期间，不论是医院管理者和医护工作者们超高的专业素养，还是医院建筑庞大的系统、复杂的流线、多样的医技设施设备，以及医院建筑所特有的理性逻辑与感性艺术的碰撞，凡此种种都深深地吸引了当时的我，令我与医院建筑设计结下了不解之缘，一干就是近 30 年，个中虽有诸多的酸甜苦辣、艰辛磨难，但我至今依然初心不变，乐此不疲。

2008 年的上海建筑设计研究院（以下简称"上海院"）历经几代建筑人薪火传承，在前人打下的雄厚基础之上成立了"上海院医疗事业部"，并于 2018 年正式更名为"上海院医疗建筑设计研究院"，而我也有幸带领一批有志于投身中国医院建筑专项设计与研究的伙伴，在这片充满希望的沃土之上，勤劳深耕，共迎收获。

回顾近 30 年的医院建筑设计实践历程，我不但负责并设计了 20 多个医疗建设项目，还参与了国家标准、规范的制定，以及一些专项课题的研究。不少朋友曾建议我写点东西，尝试做些总结与大家分享，但我总希望能够等到自己的思想更加成熟、理解更加系统之时再动笔。

近些年来，随着工作范围、工作内涵、工作模式的不断扩展和改变，在专注于传统医院建筑设计工作的基础上，我们需要更加关注项目的定位，建设的标准，学科的发展，医技新技术、新设备、新模式的运用等。为了适应日益加快的行业发展步伐，总有太多的新理念、新知识、新技术等待我们去了解、学习和掌握。

学而知不足，思而得远虑。我在这条道路上永远是一名不断学习与探索的行者，每每想来，对医院建筑设计的敬畏之心与日俱增。转念想来，如果把自己一路走来的点滴收获、点滴感悟、点滴思考与一起在路上相知相伴的同业们分享，即使还不够系统和成熟，但哪怕能有一点参考价值，我亦欣然。

几经周折，本书最终定名为"大医小成"，寓意在中国这样庞大的医疗建设体系当中，我们已经做、正在做以及将要做的都只是点滴的实践，所获得的也不过是微末的成就。

不积小流，无以成江海。这本书中所呈现的设计案例都是我们设计团队每一名成员努力付出和智慧累积的成果，在此真诚地感谢大家。其中还有不少项目是与国外著名设计公司合作完成的，国外建筑师的职业精神、专业素养和对医院建筑设计的挚爱都无数次感动了我，令我获益匪浅，在此也对他们奉上我的敬意。

另外，我要特别感谢上海院姚军董事长对本书的支持，还要感谢上海院研究中心的潘嘉凝主任。由于潘主任的杰出工作，尤其是她的统筹和督导，才使这本书可以顺利地与大家见面。

路漫漫其修远兮，"吾辈"将上下而求索。

华建集团上海建筑设计研究院　首席总建筑师
医疗建筑设计研究院　院长

绪论 以人为本，疗愈空间

——中国医院建筑事业发展历程和未来展望

"Hospital"（医院）的词源说法之一是：来自拉丁文，原意为"客舍"，最初指用于收容、招待人的地方。西方中世纪时，修道院成为病患被安置和被照料的主要场所，那时所进行的医疗服务更具有宗教性质，着重于护理而非治疗。

中国最早对医院的相关记录可追溯到春秋时期，《管子·入国》中记载了收容聋哑人、盲人和其他残疾人的机构。唐朝的"病坊"多设置在庙宇内；宋朝开始出现有医、有药的门诊部，称之为"剂局"；明朝称之为"药局"。明清设立"太医院"，为皇室服务，其下属医院仍统称"病坊"。在不同的历史阶段，中外医院建筑展现出来的建筑类型是多种多样的：修道院、庙宇、药局……这些类型或多或少体现了医院的某种特征——给人以庇护，并对其进行身体上的照料和精神上的抚慰。

随着西方宗教改革、文艺复兴以及自然科学的发展，医学逐步向系统化的科学体系迈进。19 世纪中期的"南丁格尔式医院"被认为是现代医院的雏形，随着同时期大量西方传教士进入中国，国内也逐渐出现了包括上海仁济医院、北京协和医院在内的多所现代医院。20 世纪初，中国人自己相继创办了诸如华山医院、北京中央医院等一批西医综合医院，推动了我国医疗设施的进一步发展。

新中国医院建筑的发展历程

1949 年，新中国成立，百废待兴，中国医疗设施建设也成为其中的一个重要内容。新中国医院建筑的发展大致可以分为三个时期，即初创期、探索期和发展期。

1. 初创期：新中国成立至改革开放初期

新中国医院建筑初创期的主要内容是对基本医疗体系的构建。1949—1978 年，国内几乎所有的医院都是靠国家和地方财政投资建设，从城市医院到工矿企业医院、农村县级医院和乡镇卫生院，30 年间，中国建设了一大批医院。然而，无论医院总量还是单个医院建筑的规模，当时的医疗设施建设和整个社会的医疗需求还是存在着较大的差距。

2．探索期：改革开放初期至 21 世纪初期

中国医院建筑发展的探索期可以分成两个阶段：1978—1989 年是第一阶

段——快速成长期。随着中国改革开放、经济发展，大量的老医院需要改扩建，同时还要兴建许多新的医院。中国医院建设迎来了春天，但也出现了一些需要反思的问题，尤其是有的医院建筑为了片面追求造型上的标新立异，而忽视了医疗工艺和使用功能等医院建筑最本质的东西。

1989—1999 年是第二阶段——回归理性期。中国建筑师自觉摸索，从历史的、哲学的高度审视医院建设的理念：从单纯的医疗型到生命全过程的跟踪服务；从单一的建筑设计到完整的卫生工程体系；从不同需求层次的医院到各级、各类的医疗卫生保健设施；从经验型转向科学、规范的标准化。这一时期有 3 个重要的标志：

（1）为适应新时期医院建设发展的需要，国家计委、卫生部（现称"国家卫生健康委员会"）于 1979 年发布中国第一部《综合医院设计标准》，城乡建设部和卫生部又于 1988 年发布由上海民用建筑设计院（现华建集团上海建筑设计研究院有限公司）主编的中国第一部《综合医院设计规范》。这些行业标准和规范为医院建设、发展的科学性、合理性打下了坚实的基础，使中国医院建设从以往的经验型走向了科学规范型。

（2）一批具有医院建设专业造诣的建筑师和相关专业咨询团队纷纷涌现。在此基础上，各类专业学会、协会应运而生。20 世纪 80 年代中期，"中国卫生经济学会医疗卫生建筑专业委员会"成立（2007 年，转换为"中国医院协会医院建筑系统研究分会"负责相关事务）；1990 年 9 月，"中国建筑学会医疗建筑专业学术委员会"在南京成立，从那时起，国内每年都会举行多场全国性的医院建筑设计的研讨会、论坛等，有效提高了国内整体的医院建筑设计水平。

（3）很多国外的专攻医院设计的建筑师进入中国市场，带来了国际先进的设计理念，成为提升国内医院建筑设计水平重要的外在助力。

3．发展期：21 世纪初期至今

进入 21 世纪以来，中国的医院建设真正迎来了"黄金发展期"。在当下经济与技术条件下，相当多的医院建筑设计作品展现出理智与才华的完美结合。

（1）医院建设规模有了显著提升。反映医院建设规模的"千人床位指标"（区域内医疗卫生机构床位数 ÷ 区域人口总数 ×1000）由 1987 年全国的 2.12 张增长到了 2020 年的 6 张。社会办医的比重迅速增加，民营医院和外资医院进入市场，加强了医疗行业的良性竞争。医疗服务产品呈现出更为丰富的层次，以满足不同人群的医疗服务需求。

（2）相关建设规范和设计标准逐步建立并完善。2008 年，城乡建设部和国家发展和改革委员会（以下简称"国家发改委"）发布《综合医院建设标准》；2014 年，住房和城乡建设部（以下简称"住建部"）与国家质量监督检验检疫总局联合发布新版《综合医院建筑设计规范》，2015 年二者又联合发布《绿色医院建筑评价标准》以及各类专科医院的建设标准或设计规范；2016 年，住建部和国家发改委发布《儿童医院建设标准》《精神专科医院建设标准》。

（3）相关专业研究学会、协会不断发展壮大。2016 年 5 月，"中国医学装备协会医院建筑与装备分会"成立；2018 年，"中国医疗建筑师联盟"正式宣告成立。各种学术交流活动更加频繁。为了总结经验、促进交流，更新医院建筑的设计理念，帮助从业人员了解高科技医院建筑技术、建筑装备、建筑材料和建设管理，以推动我国医院建设事业的进一步发展，2004—2021 年，国家卫生健康委员会医院管理研究所主办、《医院建筑与装备》杂志社承办了"全国医院建设大会暨中国国际医院建设、装备及管理展览会"，共计举办了 22 届，并且规模日增。为了不断加强与世界各国同行的交流，"中、日、韩东亚医疗建筑论坛""英、中绿色医院建设高峰论坛"等至今已连续举办多届，为中国医院建设水平的提高做出了极大的贡献。

（4）医院建筑设计趋向精细化、个性化。在过去一段时间内，虽然中国建筑师对医疗工艺的规划、医疗流程的设置、医疗动线的组织投入了许多关注和研究，设计出了一大批符合医疗功能要求的现代化医院建筑，但也逐渐形成了设计上的标准定式，全国各地的医院大都似曾相识、大同小异，失去了医院的个性。进入 21 世纪，在娴熟掌握医院建筑功能特征的同时，努力探索更具个性的丰富多彩的建筑形象和更具亲和力、引人入胜的空间环境，避免单纯强调工艺流程，避免片面追求标准化、模式化的医院建筑已成为新的设计努力方向。另外，在体现医院独特性的同时还需要更多关注其历史文化的传承、自然气候的应对、区域环境的适应等问题，而绿色建筑和信息化等新技术的发展也为创造更为丰富的医院建筑提供了技术和理念上的可能。

（5）国内外医院建筑设计经验的交流与日俱增。国外先进的医疗技术、先进的医院管理理念，以及国际著名医生来中国的短期会诊等活动都对推动国内医疗事业的发展有着积极作用，而跨国别的建筑师合作也促使国内医院建筑设计水平不断提高。中国建筑师学习、融汇国外先进设计理念，结合国内实际情况积极实践。

中国医院建筑发展的影响因素

2015 年，国务院办公厅印发《全国医疗卫生服务体系规划纲要（2015—2020年）》。按照此规划纲要的要求，经过 5 年不懈努力，我国医疗卫生事业取得了丰硕的成果，已经基本建立由医院、基层医疗卫生机构、专业公共卫生机构等组成的覆盖城乡的医疗卫生服务体系。

2016 年中共中央、国务院印发《"健康中国 2030"规划纲要》，明确提出了健康中国"三步走"的目标，即 2020 年，主要健康指标居于中高收入国家前列；2030 年，主要健康指标进入高收入国家行列；2050 年，主要健康指标达到世界前列。此规划纲要不仅是中国居民健康的宏伟蓝图，也是中国医院建筑发展的宏伟蓝图。在新目标、新形式下，必须对国内目前医院建筑的发展现状及其发展影响因素有充分的认识。

1. 国家政策的导向

医院建设离不开国家大政方针的指引，这是医院建筑设计的一大特点。我国"十三五"医疗事业发展规划中包含了两个重要内容：一个是"强基础"，即进一步加强社区医疗，培养更多的全科医生，进行规范化医疗服务，通过分级诊疗来疏解大医院的压力，提供更好、更多层次的医疗服务；另一个是"建高地"，即建设一批高品质、高水准的医疗机构，解决疑难杂症的规范化医疗问题。以上既是国家全民基本医疗保障的责任，也反映了中国在国际上的医疗发展水平。此外，鼓励"多元化投资"也是国家医疗事业发展的一项战略方针，希望引入更多社会资本来共同建设、营造多层次的医疗服务体系。医院建筑设计必须与国家的发展战略相契合。

2. 医疗技术的发展

医院建筑设计首先需要满足医院医疗活动的开展，而包含医院发展规模、学科建设、科室配置等内容的医院医疗事业发展规划既是医院学科发展的基础，也是制定合理的医院建筑总体发展规划（诸如医院建设规模、大型医技设备的配置计划、各功能房间构成等内容）的前提条件。2014 年，住建部发布的《综合医院建筑设计规范》（修订版），第一次将医疗工艺设计单独立章，这反映出在现代医院建筑设计中，医疗工艺规划的重要性。建筑师不再是传统上根据医院方提供的设计任务书来完成方案、扩初、施工图三个阶段的设计工作，而是越来越多地参与医院方的项目可行性研究、运营模式确立、远期发展计划等前期的策划工作，形成更为科学、合理、详尽的设计任务书，为后续更为精准的设计工作创造有利条件。

近些年来，国内出现了一定数量的总床位数在 2000 张左右、面积在 20 万平方米以上的超大规模的医疗中心。与传统的综合性医院相比，它的急救中心、检查中心、专科分诊中心，以及科研、教学等功能更具优势和特点。它为现代高、精、尖医疗设备的共享，高端专业人才资源的积聚和集成提供了可能，满足了不断提高的医、教、研相互结合、相互支撑、协同发展的要求，对于研究、治疗疑难杂症，提高整个国家医疗、科研水平发挥了重要作用。由于规模宏大、管理复杂，在建设前期合理规划、布局，以保证医疗流程和交通流线的顺畅和快捷，对确保医疗中心的高效运营至关重要。

可持续发展的建筑总体规划布局对医院自身延长生命周期、满足其扩张和变更的要求意义重大。它既不是简单地预留一块空地，也不是仅仅做一些"加层"设计，而是应当有计划地、科学地对医院未来发展规模进行预估，从而为各个功能区域的发展需求进行切实的规划设计，并预留充分的发展空间，以利于医院日后的扩建或新建。

现代医疗技术和医疗设备的发展对医院建筑设计不断提出新的要求，从专科中心到多学科中心，从循证医学到精准医疗、生物免疫治疗，从复合手术室到质子重离子肿瘤治疗装置等都需要特定的空间与之匹配。

3. 数字化信息技术的发展

越来越多的医院提出了在确保医院的安全性、流程科学合理的同时，提高医院的运营效率、优化建筑空间、提升医疗水平。在这里，数字化信息技术对医院设计的影响非常大，包括：①网上预约挂号、电子病历、电子处方、电子查验报告等现代技术的运用可以有效节省病患在医院候诊的时间和空间。②远程会诊、远程手术、远程教学等方式的普及，很好地助力了医院诊疗水平的提高，对医院建筑也提出了新的设计要求和新的使用可能性。③数字化信息技术与现代物流系统的整合，可以集中高效地组织医院的后勤物资供给，从而节省医院中大量的仓储空间。亦可以将一些传统的与病患紧密联系的空间另置他处，把腾挪的空间更多地用于为病患服务。例如检验中心可以采取类似于中央厨房的模式，远离与病患密切联系的采集点，通过物流系统传送检验样本，通过信息系统把检验结果传送给医生。

4. 绿色节能的要求

2011 年，由中国医院协会组织编制的《绿色医院建筑评价标准》试行；2015 年 12 月，住建部发布《绿色医院建筑评价标准》（GB/T-51153—2015）执行公告，2016 年 8 月 1 日起正式实施。这标志着中国绿色医院建设进入了一个新的历史时期。各地政府、主管部门也相应提出了"绿色建筑二星"作为强制执行要求。

5. 用户体验的改善

社会资本不断进入医疗领域，带来了更多的服务理念，更加强调医院使用者的体验。这里的使用者既包括就医者、陪护家属，也包括医生、护士、护工、志愿者等医护工作者。尤其对病患而言，良好的就医体验既体现在医护工作者的诊疗水平方面，如减少误诊，避免过度诊断、过度治疗，也包括了明确的建筑导向，清晰的标识系统，短捷的交通流线，宜人的室内外环境，以及商业、服务、休息等辅助功能的完善与配套。

中国医院建筑未来发展趋势

伴随着中国经济水平和医学科学技术水平的不断提升，医疗设备持续更新换代，医疗设施的建设无论是规模还是质量都有了长足的进步，并呈现出鲜明的多样性特点。

从投资角度讲，从单纯的政府投资到鼓励社会资本的介入，中国医院建筑呈现出越来越多元化的趋势；从类别角度讲，从综合医院到各类专科医院（包括肿瘤医院、儿科医院、妇产科医院、口腔医院、五官科医院等）以及中医医院、精神卫生中心等都得到了更广泛的关注；从规模角度讲，既有大量的基层社区卫生中心、乡镇卫生院、500 床左右的中型医院，也有为数不少的 1000～2000 张床位的大型综合医院，甚至几十万平方米的超大规模医学中心、医疗园区。这些共同构成了当今中国医疗卫生服务设施体系，为国民提供从基础医疗到特需医疗、从常见病到疑难杂症、从慢性病到急危重症的多层次、全方位的医疗诊疗和健康保健服务。

医院建筑空间的本质就是医护工作者为公众、为病患提供健康咨询、诊疗服务的特定的空间场所，我们称之为"疗愈环境"。随着医院医疗水平、运营模式、建设理念、建造技术、设备、设施、材料等日新月异的发展，中国医院"疗愈环境"的品质有了极大的提升。

1. 医学科学的发展

医院的医疗空间首先需要满足的是诊疗功能的需求。随着中国医疗体制改革政策的持续推进，医学学科设置的变化，以及医疗技术、医疗设备的不断发展更新，诊疗空间也发生巨大的变化，尤其是作为体现国家较高医疗水平的三级甲等医院的变化更是显著。

（1）急救创伤中心

为了应对突发事件、重大灾害和收治危急重症病患，医院的急救创伤中心越来越受到人们的重视，急诊、急救专科化的趋势日趋明显。高效的交通流线和抢救流程成为急救创伤中心建设的首要关注点。近年来，直升机停机坪逐渐成为急救创伤中心的标配，而以病患为中心的人性化急诊模式也越来越多地被纳入医院建筑设计之中。

（2）医学中心

基于多学科中心、专科平台的建设，传统医院的门诊空间发生了革命性的转变：以诊疗中心为模块，专科门诊、专科检查、专科治疗一体化配置，形成一个整体，例如脑科中心、心脏中心、胃肠中心等围绕人体器官设立的学科中心。医学中心中的空间布局方式也较传统医院有很大不同，例如在肿瘤治疗中心的设计上，以病患诊疗流程为主线，将过程中的"门诊""影像""放疗"等主要功能同层集约布置，在提升对该学科中心整体认知度的同时，也大大提高了病患就医的便捷性，减少其因就医流线往复而产生的不悦感。此外，各诊疗中心可以共享大型医技设备，门诊、病房区域还配置了多学科会诊中心、联合工作区等。

（3）研究型医院

随着基因科学、精准治疗、大数据分析等科学技术的发展，临床研究对临床治疗的支持愈加明显。经历了从传统的只注重医疗用房建设到设立独立的科研单体建筑，再到研究与临床相互融合成有机整体的发展过程，研究型医院作为重大疑难疾病的诊疗平台，将会引领技术创新和临床研究的发展。

（4）新型医疗设备

医疗设施、设备的更新换代和推陈出新对空间环境提出了新的要求和挑战，例如术中核磁、术中 CT 的杂交手术室设计。直线加速器、质子、重离子等大型放射治疗设备对机房平面布局、结构沉降、微震动控制、机电精度控制、辐射防护屏蔽等都有着极其严格的要求，其中安置质子、重离子等大型设备的空间更是从设计之初就应考虑其布局对总体环境、平面功能的影响，并制定合理的规划运输路径和吊装方案。

2. 现代医疗科技的发展

数字化信息技术、人工智能（Artificial Intelligence，简称"AI"）技术、建筑信息模型（Building Information Modeling，简称"BIM"）技术和绿色能源等技术的发展对医院建筑的影响同样巨大，未来医院的就诊空间、就诊流程、建造模式、运营模式都会随之变化。

（1）智慧医院

运用数字化信息技术、5G 和 AI 技术是智慧医院的重要特色。相较传统医院，网上预约挂号、电子病历、电子处方等可以有效缩短挂号、取药时间，节约排队等候的空间，释放出更多的功能空间用作公共服务。在智慧医院就诊的病患不用在挂号与收费空间来回穿梭，可以直接在家挂号，在诊室结算，有效改善传统三甲医院人满为患的场面。智慧医院候诊空间的分散化、多样化将给病患和家属带来更佳的就医体验。

借由物流系统的帮助，智慧医院支持型空间（诸如检验中心、静脉配置中心、物资配送中心等）的布置可以更加灵活，丰富了医疗功能和公共服务空间设计的可能性，而数字化结合自动物流运输系统可将一些原来需要和病患频繁接触的空间另置他处。例如在检验科的设计中，传统的平面布置往往是采样与检验中心紧贴着布置，并必须位于病患方便到达的区域；但是，引入气送管或轨道小车等物流系统后，平面空间被完全"解放"，检验中心可以被布置在其他楼层相对次要的位置，从而为营造更宽敞、更多服务功能的公共空间提供了可能。

智慧医院中的数字化技术可以有效改善医患关系。病患在检查后，各科医生可以通过电脑终端、图像展示同步向病患讲解病情，病患和医生的信息是对称的。此外，数字化技术还可以实现跨地区的远程会诊和治疗。

（2）绿色医院

首先，绿色医院作为"安全可靠、无害化的医院"，应在选址、感染控制、辐射防护、结构安全、供电系统配置等方面做到全方位保障。其次，由于高效运营是绿色医院的另一个重要特色，因此应在前期科学规划，制定合理的设计任务书和医疗流程，同时充分预留未来的发展空间，以满足医院的"可生长性"和动态发展的需要。再次，降低医院能耗无疑是绿色医院的重要一环，这对降低医院运行成本、保护全球环境和自然资源都极具价值。

在总体规划和建筑设计中，设计师需要充分运用被动式节能的理念和方法，同时选择合理的机电系统、设计参数和标准，既保证医院运行的安全高效，又有利于能源的节约和环境保护。目前，BIM 技术和数字化能源管理系统被越来越多地运用到医院建筑设计、建设和运营管理之中，例如可进行各种用能监测、能耗分析和诊断的能源管理系统。未来将会有更多的绿色技术、绿色产品，以及可再生能源利用在绿色医院中展现。

绿色医院的建设是一项长期、复杂的工作，不仅需要我们有绿色的理念、技术和产品，更需要我们努力实践，并在实践中不断地总结经验，提升认知水平。

3. 对人性化设计的关注

（1）建筑造型设计

建筑造型不但在物理层面上改变着城市的环境，更是直接作用于观者并带来一系列衍生的心理影响。医院建筑在设计和建设的进程中，过去曾因其功能的特殊性和复杂性而忽视了建筑造型的个性和特异性，导致各地医院建筑出现样式雷同、呆板的现象。医院建筑作为病患生理以及心理的康复场所，需要通过建筑造型的精心打造让人感受到建筑空间环境带来的愉悦。同时，良好的建筑造型能给医院树立"亲和""包容"的社会形象，提升病患的心理接受度。

随着社会经济、技术的发展，医院建筑有了更为复合的功能需求和更多维度的品质追求。设计价值不仅体现在对基本医疗功能的解决，医院学科特色、历史传承、自然资源、气候特征、场地环境、可持续发展等都应成为医院建筑造型设计中重要的依据和原动力。中国改革开放以来，随着与国外医疗交流的与日俱增，跨国别的建筑师合作使国内医院建筑的设计理念得以发展和更新，医院造型设计也呈现出个性化和多元化的良好态势。

（2）室内空间设计

提升病患就医体验的途径主要可分为软件与硬件两方面，即医疗服务品质的提升和空间环境品质的优化。空间环境品质的优化对于提升病患体验、促进病患康复具有重要的作用。罗杰·S. 伍尔瑞克曾在美国宾夕法尼亚保里纪念医院针对环境对病患的影响进行了长达 10 年的研究，其研究表明：病患在能从窗户直接看到室外庭院中的树木而不是直接看到砖墙的环境中，康复需要的药品可以减少 30%，而康复速度提高 30%。由此可见室内外的空间环境品质的重要性。

在医院建筑室内空间氛围的营造上，现代设计越来越注重利用明快、温馨的色彩，舒适、柔软的材质，温和可调的灯光等多种手法，希望以此改善医疗器械带给人们的冰冷感，营造出亲切、温暖、家庭式的诊疗环境。例如在病房的室内设计中，利用滑动的装饰板隐藏病床背后繁杂的医疗带，使病房的整体风格向居家卧室靠拢，从而减轻病患在治疗期间的焦虑感。

（3）环境景观设计

研究表明，优美的自然环境对人的身心健康具有积极作用。在医院建筑中设置庭院绿化对于创造良好的疗愈环境无疑是极其有意义的。

目前，越来越多的医院建筑设计都努力在建筑中营造出优美、多层次的绿化环境，主要包括地面集中绿地、中心庭院、屋顶花园、下沉庭院等多个不同标高上的绿化景观。这些"嵌入"建筑体和场地环境中的不同标高、不同尺度的绿化庭院不仅能为室内空间引入充足的阳光，更能将大自然的美引入建筑环境中，创造出生态、绿色的疗愈空间。这些空间模糊了建筑室内外的界限，为室内环境增添了别样的趣味。

在传统的仅作观赏、功能单一的庭院绿化基础上，越来越多的现代医院建筑设计为庭院绿化配置了多元的活动和功能内容，对提升病患体验具有更为积极的作用。例如建筑师在景观庭院中引入丰富的步行系统，或私密，或开放，搭配可供休憩的座椅、雕塑小品等元素，打造出更加舒适、宜人的"疗愈花园"。

另外，由于医院建筑的特殊性，医疗园区内流线复杂，包括车流、人流、物流等。复杂的各类流线关系导致在传统医院中经常出现人车混行、流线交叉等问题。目前，越来越多的现代医院设计通过借鉴机场的交通流线组织模式，利用立体交通设计将过境车流、入库车流等多类机动车流线引入地下，地面仅留下特殊车流（如急救车流等），从而极大减少了地面人车流线交叉的现象，为病患营造出有序、安全的就医体验。

注重交通环境的优化，除了对动态流线的组织与梳理外，对于往返医院的社会车辆和车辆上下客等候空间的设置也是医疗环境人性化设计中的重要一环。合理安排接送病患车辆的停靠位置，在保证不影响场地交通流线组织的同时，为上下客区域提供良好的遮蔽，以应对不利的气候条件。同时，针对候车的病患及其家属，应设计提供舒适的座椅和明确的标识指引，以提升人们整体的就医体验满意度。

（4）特质化设计

在现代医院建筑设计中，越来越重视不同医疗功能用房应根据病患类型及其使用方式进行特质化设计。不仅对于老年人、儿童、残障人士等不同人群的医疗功能空间应采用特质化设计，针对不同类型疾病的诊疗空间也应考虑特质化设计。例如针对超重病患的病房设计，其空间尺度就应该根据病患的特质进行特殊处理：不仅扩大病房和病房内卫生间的空间尺寸，还应考虑在病房顶部安设吊载轨道，为病患的日常活动和康复提供便利。

4. 疗愈空间的品质保证

虽然中国医院建筑设计水平有了极大的提升，但很多已建成医院的品质与先进国家医院相比仍有一定的差距。这既有投资标准限制的原因，也有建筑师在医院建设阶段"缺位"或"弱位"的原因。近年来，在一些医院建筑项目中，建筑师开始成为"项目技术总控"——前期，参与项目的策划、功能定位、医疗工艺设计，以及设计任务书、立项报告、可研报告的编制；设计阶段，对各专业设计、各咨询服务、各专业承包商严格履行总体控制、总体协调的职责，对设计品质和完成度负责；施工阶段，给予各类招标以技术支持，审核主要材料、施工深化图纸和施工样板，提供巡场报告等。这种工作方式使得医院建设品质得到明显提高。

2016 年 10 月，"建筑师负责制"试点工作在上海浦东正式拉开序幕。"建筑师负责制"就是要强化建筑师在项目前期、设计全过程、施工招标、建设管理、运营维护等各阶段的主导作用。由新加坡来福士集团投资、上海建筑设计研究院有限公司负责设计的"莱佛士医院"位列试点项目中。"建筑师负责制"无疑对中国医院建设、创造出更高品质的"疗愈环境"具有极大的推进作用。

在多年的设计实践中，我们对医院建筑本质和特点的认识一直在更新和深化：让每一名病患在这种特定的环境中感受到被尊重、被关怀、被呵护，既是医院建设的宗旨和目标，也是"疗愈环境"的精神内核。

本书选取了我和相关设计团队协作 20 多年间所设计完成的不同类型医院建筑中最有代表性的工程项目，详细阐述了各类医院建筑的规划理念和在医疗技术、建筑设计等方面的特点，通过"新理念·新医院"和"新趋势·新技术"两个篇章，将多年的项目和经验积累进行梳理，尝试从多层次、多角度去诠释医院建筑设计这件事。其中需要特别说明的一点就是，"老医院的改扩建项目"由于受到篇幅和内容限制，无法体现在本书中，但这部分内容的重要性足以单独成书，希望以后有机会能够完成这项工作。

作为专攻医院设计的建筑师，所追求的价值和目标是一脉相承、始终如一的，即"适用"和"提升"：设计要适用于医院自身的学科设置、管理模式、运营方式，以及医院未来的发展状况，设计要能够"提升"医院更大的使用价值。

为了实现这样的目标，专攻医院设计的建筑师不仅需要关注医院建设的发展趋势、社会经济发展趋势和国家的大政方针，还需要研究所设计医院的特点，做更为精细化的设计。在有限的建设规模、投资控制的条件下不断运用新理念、新技术、新材料、新产品为病患提供一个全新的诊疗环境和最佳的就医体验，为医护人员提供一个更为温馨、便捷的工作环境，这是我们的职责和使命，也是我们社会价值的重要体现。

目录
CONTENTS

1

新理念·新医院
NEW CONCEPT, NEW HOSPITAL

新中国成立初期，根据国情需要，国家投资兴建了一大批医院项目，经过40多年的运营，在20世纪90年代中后期，这些医院都面临着改造和扩建的问题，这种需求在当时是非常大而迫切的，我国医疗建设领域一度也以对既有建筑的改扩建工程为主。

进入21世纪，在对老医院改扩建的同时，新建医院项目不断涌现，这是我们这些从事医院建筑设计的建筑师所经历的一段"黄金岁月"。与此同时，很多国外的医院建筑设计团队开始进入中国设计市场，带来了国际先进的理念，成为提升中国医院建筑设计水平的外在助力。

面对更加广阔的建设舞台，在准备大展拳脚的同时，我们也清醒地认识到，新医院建设领域还是一张白纸，任何举措都应该建立在科学合理的研究和探讨基础之上。虽然没有老医院改扩建项目中的种种制约因素，但是专攻医院设计的建筑师想要成就梦想，仍必须坚持应有的专业原则和底线。

新、老医院项目的建设差异

在规划建设方面，新建医院项目有别于老医院的改扩建项目。抛却诸多限制条件的制约，新医院在规划与设计层面都要求统筹布局，思考先行于具体设计。二者相比较，我认为存在如下显著区别。

1. 整体规划层面的差异

区别于老医院改扩建项目的现状更新规划模式，新建医院的空间规划应遵循每座城市的医疗专项规划，尤其是要遵循各个医院的医疗事业规划。

关于这一点应该如何理解呢？专攻医院设计的建筑师的角色本身并不是医院运营的缔造者，而是依据医院的运营方式去提供合适空间的创造者。要扮演好这个空间创造者的角色，先决条件就是要深入了解和掌握基于城市大环境的城市专项规划的具体内容。

在城市专项规划一般都有"医疗专项规划"，根据其中对"千人床位指标"的规定，可以推导出整个城市的医疗系统构成，例如需要配置多少家综合医院、专科医院等（通过这样的集成系统去共享整个城市的医疗床位规模总量）。医疗系统的构成将直接指导城市规划中医院布点的设计方案，而通过合理的布点可以从距离上实现人们就医的便捷性。对于医疗专项规划的深入了解能很好地帮助建筑师在设计初始少走弯路。

在城市医疗专项规划的基础之上，每一个新建医院在建设初期都有自己的医疗事业发展规划，即对本院学科配置、学科发展、重点学科培养计划等问题的一个综合统筹发展规划，并以此为基础，形成医院未来五年、十年期间医疗业务量的发展评估及增长预期。此外，根据学科配置、业务需求规划还会推导出相应大型医技设备的配置计划，例如某所医院计划将来重点发展肿瘤治疗，那么就要更多规划配置放射肿瘤治疗设备等。有了明晰的医疗事业发展规划，医院空间的规划建设才有基础和落脚点。

2. 空间设计层面的差异

在新医院规划建设的空间设计层面，满足医院的医疗事业规划内容，助力医疗事业规划实现是设计的最低标准。作为建筑师不应仅满足于此，而是应该往上向更高的层级去进行自我要求——为新建医院的未来进行发展可能性和可持续性的评估与探索，这要求建筑师一定要拥有对未来医学领域发展趋势的关注与思考。不管是五年规划也好，十年规划也好，其本质都是对未来医院可能发生的变化有一个先期的预判，并在现有规划当中尽最大可能去为这种预判留出更多的可能性和应变空间。以上是我们在从事医院建筑设计时要对自身工作进行的一种角色定位。

具体到医院建筑的空间设计，首先要解决好功能布局和流线组织，这是基础工作；之后，针对医院未来的可发展性，需要进一步思考如何完成空间规划中的前瞻性设计。这个"前瞻性"更多是指在新医院建筑设计当中，针对医疗设施设备和医院运营管理方面可能发生的变化及其所带来的空间弹性上的需求，建筑师应该有一个超前的意识并应对此提出相应的处理策略。权衡空间规划的优劣性在很大程度上取决于是否有足够的可持续发展空间，这也是目前学术讨论活动中一直关注的问题。

对于可持续发展，我认为包含了两层含义：首先是成长性。例如医院的规模扩大——过去的规模是2000张床位，日后随着业务量的增长床位增长到3000张。在空间规划设计当中，这个成长性不是简单地预留一块建设用地，而是对医院未来各功能板块进行统筹规划，这比在现有基地中划分出一期、二期发展用地要复杂得多，需要建筑师进行更深入的思考和研究。

其次，也更为重要的就是"新陈代谢"。同国际上总的医院建筑发展趋势一样，我国的医院建设一定也会经历简单的规模扩张到一定阶段，达到增量累积点，再实现从量变到质变的过程。内在品质的提升一定是规模量变后现代医疗领域发展的下一个聚焦点。那么，怎样才能保障医院正常的新陈代谢呢？这就要求随着未来医疗学科的变化和就医模式的改变，医院的功能系统内部可以方便地转换，而不影响整体的正常运行。例如北京的中日友好医院，其交通系统呈现"鱼骨状"，中心的交通枢纽始终保持不变，分支出去的一个个功能单元就像一个个独立的"卫星空间"，可以根据学科和运营模式的变化需求进行灵活的置换和改变，使得医院的整体功能系统始终充满活力。这就是医院建筑一种良好的"新陈代谢"方式。它跟"成长性"有一定关系，但二者的侧重点是不一样的，后者关注的是如何更加科学、合理地成长，前者则意味着自身的迭代更新。在新医院的空间规划设计中充分考虑其"生长性"与"新陈代谢"，是对建筑师专业素养的更高衡量标准和更高要求。

新医院规划建设的特别关注点

在新医院的规划建设当中有一些需要重点关注的问题，这里我将其中有共性的几个关注点梳理出来，希望能借此引发大家更多、更全面的思考。

1. 新医院规划建设中的规模与专业学科设置

在新医院规划的时候，我们专业设计团队会针对整个医院的规模及其学科设置为院方提出建议并与之进行深入讨论，建议源于我们根据累积的专业经验所得出的判断——当医院要达到一定规模（1500 张床位以上）时，相应对医院医疗服务的辐射能力就会有更高的要求。简单来讲就是，如果要建一所 1000~1500 张床位的综合医院，它可能只是一个区域基本医疗的提供者，只要解决好这个区域中老百姓的就医需求就可以了；如果医院的规模要达到 1500 张床位以上，就需要拥有具备核心竞争力的专科建设规划，以其专科实力来带动整个医院的医疗服务的辐射影响力。这个时候，这所医院就不仅仅是服务所在区域，而是作为整个城市乃至更大区域的医疗救治服务的提供者。

针对这个问题，我们对很多医院方提出过建议。虽然这样的建议在严格意义上更多应该取决于医院的医疗事业规划，但我们在做建设规划时往往也会提出来，因为这些专科特色恰恰是医疗事业规划中的立足点。当面对较大规模的新医院建设项目时，越早提出这样的建议并进行深入研讨，就越能在之后的设计中获得事半功倍的效果。

2. 新医院规划建设中分期建设的功能配置策略

在新医院规划建设当中，我们经常会碰到一类被称为"分期建设"的规划任务。早期经验不足时很多建筑师都会犯这样的错误，即以在地块中简单划分一期、二期建设用地的方式来解决分期、分步的建设需求；但是，这样做往往会导致割裂性的后果，并在项目后期逐步突显出来。

那么如何在整体规划当中制订出合理的分期建设策略呢？我们应在慎重分析不同项目地块特点的基础上制订相应策略。分期建设策略大体上可分为两种：第一种是在一期建设规模较大，二期建设规模较小的情况下，应根据二期的增量进行整体考虑，在一期建设中就将两期的建设需求一次性做到位。虽然一期的建设面积在满足现有需求上有所增加，但这样做可以保证整个项目建设从功能到空间的完整性。

例如计划配置 15 间手术室，一期建设量为 12 间。在分期建设规划中，我们应将二期的增量空间一同做进去，按照 15 间手术室的空间来进行布局，余量手术室空间在一期先进行封存，二期再打开投入使用。这样做看上去在一期确实是浪费了空间，但从长远运营规划的角度来看，能最大程度确保功能的完整性和资源的集约性。

第二种分期建设策略就是在一期建设规模较小，二期建设规模较大的情况下，我们应侧重在协助业主编制设计任务书的阶段就将分期功能进行综合考虑，依据功能需求的先后次序考虑其在一期和二期中的配置关系，有些并不急迫的功能就尽量放到二期去建设。与此同时，我们需要更加注重功能空间的腾挪可变性设计，即确保当二期建设开始时，一期一些规模较小且无法满足需求的功能可以腾挪至新的规划空间，其原有空间另作他用而不会影响医院的整体运营。

不管是第一种策略还是第二种策略，最需要的是建筑师对整个医院构成体系的充分了解，以及针对不同项目的分期建设情况给出合理的功能配置规划。

3. 新医院建设的全生命周期性

"医院建设的全生命周期性"是中国医疗事业发展过程中日益重要的话题。因此，我们在新医院的功能配置过程中，既要关注传统的临床诊断和治疗功能，又要同步关注健康管理和后期的康复治疗功能、康复介护与养老功能，以及临终关怀功能。综合全生命周期的功能，结合医院近、远期规划进行科学合理的功能布局、空间设计和医疗设置配置，我们应将提供涵盖全生命周期的医疗服务作为建设现代化医院的目标，并在整体规划初期就将这个目标放在首位去进行系统性的思考。

4. 新医院规划建设中对专科特色的规划设置

对于医院专科特色的规划建设，在前文医疗事业发展规划部分就已经谈到了。现代医院的空间规划需要为每个医院度身定制能体现其专科特色与优势的解决方案，目前较流行的一种空间规划模式被称为"多学科中心"。

目前，摒弃了传统的学科命名方式（如内科、外科等宏观笼统的诊疗分类和命名），越来越多的医院以人体器官名为学科中心命名，例如心脏中心、脑科中心等。这样做能够为普通病患提供更加简洁、易于理解的就医途径的选择，让其得以清晰明了地对症、对位就医。

充分发挥诊疗特色和方便病患就医使得国内很多大医院越来越强调将内科、外科，以及其他相关科室综合起来，形成多学科中心，针对某种器官的疾病进行多学科联合会诊。这种方式已经成为大型综合医院建设发展中一种很重要的趋势，也是建筑师要倍加重视专科特色规划设置的原因所在。

5. 新科技对医疗运营模式的影响

当今时代，各种高新科学技术不断涌现，其中 AI 和 5G 技术的应用对整个医疗运作模式产生的影响巨大，随之带来的对空间层面的改变令建筑师无法小觑。

例如现在的 AI 可以进行病理读片，其准确率甚至超过一些二、三线城市普通医院的人工读片。除了无法应对疑难杂症，在普通病理结果的分析中，AI 技术的推广和普及可以大大提高医疗流程的效率，缩短病患的诊疗时间。

5G 技术在医疗服务领域的功效也非凡，在远程治疗、"达芬奇手术"（一种高级机器人平台，通过使用微创的方法实施复杂的外科手术）中，妥善解决了时空不同所导致的时间差问题。例如一名身在北京的医生要对一名西藏的病患施行手术，在依靠机器人操作的过程中，由于地理距离会产生信号传输与接收速度等方面的问题，而 5G 技术恰恰是解决这些问题的利器。

不管是 AI 还是 5G 技术，新科技的运用一定会带来医疗方式和模式上的改变甚至是颠覆。这无疑会影响到医院建筑内部的空间关系和构成，在设计中充分考虑这样的影响是很有趣的，它会激发出建筑师们更多的思维火花。

6. 新医院规划建设中的人性化关怀

现代医院的经营理念正逐渐从以"治病"为关注重心，转化为以"病患"为关注重心，医院的规划建设也越来越强调"人性化关怀"，即"规划建设一所有感情、有温度的医院"，我认为主要包括以下三方面的内容。

（1）注重隐私保护

体现人性化关怀，首先要考虑如何优化病患的就医感受，如何在从整体规划到建筑设计的过程当中，为病患和医护人员打造一个更为便捷、舒适的就医环境和工作场所，其中十分关键的一点就是利用空间布局去合理保护病患和医护人员的隐私。

例如医院的诊室由多人共用逐渐转化成单人诊室，就是一种对病患隐私的保护措施。只有就医过程的私密性有保障，病患才能充分感受到被尊重，才能安心。

再例如设置在住院部、手术中心的小谈话室或在公共空间中设置相对私密的谈话区域，能够方便医生与病患及其家属单独交流病情。这些举措在很大程度上将改善医院环境中的隐私保护，达到提升就医感受的目的。

（2）引入商业服务

在医院当中引入多元化的商业服务，小到一家咖啡馆、快餐店、生活便利店，大到遵从国际医疗发展趋势，针对日间诊疗而衍生出的快捷酒店等，这些其实都是医疗服务的延展，力求从方方面面去解决病患在就医过程中可能遇到的各种问题，给出合理的解决问题方式，这样做不但方便了病患，也为医院的运营模式提供了新思路，增加了医院的收入来源。

（3）提升就医环境品质

对于就医环境品质的塑造与提升，不管是室外还是室内，设计师需要从色彩、材料、家具等层面着手，从人的感受出发进行充分的研究和认真的设计。

例如医院中最简单的座椅设计，其高度就很有讲究。如果高度太低，体质羸弱的病患一坐下去就好像陷在沙发中那样，无法通过自身的力量站起来；因此，一定要有合理的设计。另外，座椅的材料也要选用细菌不易滋生的环保材质，边角要打磨光滑，以防小朋友磕碰受伤。小小的座椅尚且有如此讲究，那大到空间环境设计，就更应该针对医院的特殊功能进行诸多考量，不能仅停留在"美"的层面。环境品质应体现在方方面面人性化关怀的设计中。

7. 新医院规划建设中的个性化表达

新医院的规划建设需要去追求个性化的表达，这通常比既有医院改扩建项目中所要求的个性化表达难度更高一些，这是因为老医院总有"基底"可参考，而新医院的建设一切都是从零开始。如何去呈现医院的个性化特色是建立在做好若干功课之上，努力发掘与探索，这里我们主要阐述其中有代表性的三个方面。

（1）发掘学科特色

围绕学科特点塑造有独特个性的医院特色。所谓"医院学科特点"可以是以心脏急救为主，也可以是以肿瘤治疗为主，学科的差异化需求会推动空间的差异化设计，而设计的差异会创造出属于医院自身形象的外化表达方式，以呈现医院的个性化，赋予其与众不同的风貌。

（2）注重在地营建

医院的个性化表达还表现在尊重基地周边环境的差异化。在整个设计过程中，建筑师应注重跟周围环境的对话与协调。因为环境是千差万别的，通过协调与对话，一定会展现出一种属于医院自身的个性化表述方式，这就是我们常讲的

"在地营建",即注重建立在本地自然环境之上的合理营造,借此去创造医院的独特个性。

(3)传承历史文化

新医院规划建设中的个性化表达还在于强调其历史文化属性。这里所谓的"历史文化属性"既可以是对医院所在城市、区域的历史文化传承,也可以是对医院运营管理者或者投资方自身企业文化的一种传承。例如在华山医院分院的规划建设中,我们充分考虑对华山老医院的百年历史建筑——"哈佛红楼"的保护与传承,力求在新建医院中也能延续同样的文脉肌理,通过对砖红色材质与颜色的创新运用,强调"新"与"旧"在时间与空间上的呼应关系,在彰显今日华山医院崭新精神风采的同时,又能唤起华山人对百年历史的深厚情感共鸣。这样的个性化表达方式,我认为是十分值得关注与重视的。

1.1 非营利性医院的规划与设计
PLANNING AND DESIGN OF NON-PROFIT HOSPITAL

案例

复旦大学附属中山医院厦门医院

东方肝胆医院安亭医院

成都京东方医院

临沂金锣医院

复旦大学附属华山医院北院

复旦大学附属华山医院浦东分院

复旦大学附属中山医院厦门医院

项目团队： 陈国亮、竺晨捷、陆行舟、钟璐、张坚、路岗、虞炜、朱学锦、朱文、徐雪芳等

获奖情况：

2019 年全国优秀工程勘察设计行业建筑工程一等奖

2019 年上海市优秀工程设计一等奖

向海而生

复旦大学附属中山医院厦门医院项目是厦门市与上海市、复旦大学三方战略合作的重点民生工程,工程建设地点位于厦门本岛东部五缘湾片区,西至五缘湾道,北至枋湖南路,东、南至五缘湾湿地公园。

工程总用地面积 62 207 平方米,总建筑面积 170 266 平方米,地上 16 层,地下 2 层,总建筑高度 73.3 米,容积率 1.86。项目为设置床位 800 张的三级甲等综合医院,主要包括核心医疗区、特护区、科研教学专家楼、辅助用房和其他功能用房。医院以预约门诊为主,日门诊量 5000 人次,日最高门诊量 8000 人次。

现代医疗环境的营建

厦门市属南亚热带海洋性季风气候,日照充足,雨量充沛。设计充分考虑了当地环境、气候特征,从技术措施和艺术表达入手,力求打造一所极具标识性的现代化医院建筑。

1. 因势借景:充分利用当地特有的景观资源和环境资源

基地所在的五缘湾区是厦门市新兴的城市复合中心之一,更是厦门岛上唯一集水景、温泉、植被、湿地、海湾等多种自然资源于一身的“风水宝地”。该项目基地位于海湾尽头环湾景观步行道的终点,东侧为环湾步行道和沿海景观区,隔望五缘湾大桥。

在金湖路与感恩广场之间,一条绿化景观通廊将用地划分为南北两个区域。医院门、急诊主入口位于基地的中心位置,南北两端分别为特护区和住院楼前广场。病房楼沿北侧界面布置,建筑体形偏向东南方,兼顾了景观视线和日照要求,同时削弱了高层建筑群体量对五缘湾路沿街造成的压迫感。面对海湾,核心医疗区成环抱之势,发散型的布局将绿化景观引入内部。裙房内通过退台和中庭形成通透的公共区域,视线内外贯通,最大化地利用了周边景观资源。

2. 技艺融合:打造极具标识性的现代医院建筑

建筑外墙材质主要采用铝板与玻璃,浅色的建筑色彩符合海滨城市的特色,而流线型错动的表皮是结合了风环境与日照热工分析的结果。通过玻璃与楼板的进退关系,获得适度的光照;通过楼板之间的扭转,改善了建筑周边的风环境;通过中庭空间的设置,将新鲜空气引入建筑内部,形成宜人的室内微环境。

流线型的建筑走势遵从海湾地区的城市肌理。建筑体形宛如张开的双臂,拥抱五缘湾海面,又恰似高举的双手,缓缓捧起明珠,有力地标示了海湾的尽头。环湾步行道在此交汇,简洁流畅的建筑表皮与碧海蓝天一同映入眼帘,令人心旷神怡。

这座立于海滨的建筑不仅是一座观景建筑,也是一座景观建筑,完美融入并成为五缘湾卓越景观系统的重要组成部分。

现代医学流程的优化

复旦大学附属中山医院厦门医院不仅是建筑形体与环境对话的设计，更是对其承载的本质内容——医疗功能的设计，它不仅是一座立于海湾的标识性建筑，更是一座代表着当下具备先进医疗技术的现代化医院的优秀建筑。

1. 高效的功能布局

由于医疗流程对于建筑平面功能和流线的要求极高，在不规则体形的约束下，我们将主要的医院功能布置在规则的柱网中，柱网系统之间的不规则部分则设计成公共空间、连廊、绿化和景观平台等。这样的设计一方面保证了医疗功能性房间的使用，一方面用灵活的公共空间削弱了医院内压抑、沉闷的气氛。

通过绿化景观通廊，医院总体功能被清晰地划分为南北两个区域：北侧为核心医疗区，医院的主要医疗功能均位于此区域；南侧为科研教学专家楼和特护区。

北侧的核心医疗区有 A、B 两栋楼。A 栋以医技为主，沿海面采用退台的方式削弱了医技功能区的巨大体量，也充分利用了景观资源。住院部分为南北两座塔楼，北侧塔楼总高约 73 米，设有 17 个普通护理单元和 2 个高级保护理单元；南侧塔楼总高约 44 米，为 4 个特需护理单元。

B 栋以门诊为主，中部为公共交通空间，联系两侧的门诊单元，沿海面方向呈现扩张之势，将入口人流与沿海景观面联系在一起。楼上部为行政办公。

特护区位于基地的南端，沿海湾展开，在规划中充分考虑特护区域的独立性和安全性，利用科研教学专家楼和地面的微地形绿化景观将特护区域与其他区域分开。另外，在南侧道路上为特护区设置出入口，具有管理上的独立性。

2. 立体的交通体系

在复旦大学附属中山医院厦门医院，除专用车辆外，核心医疗区地面完全用于人行交通，以解决日常大量门、急诊人流带来的交通压力。人行道路与入口景观的结合也是人性化设计的要素。

在项目总体交通设计上，我们将核心医疗区交通组织的流线分为 6 类，在地面、地下 1 层、地下 2 层三个标高上"立体解决"整体的流线。各种人流沿五缘湾道可直接进入核心医疗区内相应区域；出租车全部进入地下一层，沿专用通道在各出入口分别进行上下客；其他车辆均进入地库进行上下客和停车。另外，在基地北侧留有备用出口，以便在拥堵时疏导地库车辆。洁物、污物车辆流线完全分离，分别由南北两侧专用坡道进出院区。

3. 便捷的智能化系统

医院设计采用先进的全覆盖物流系统，将气动管道传输系统、自动导引车输送系统进行有机整合。利用物流系统自动传输样本、药品等物资，不仅大大节约了医院的人力成本，并且由于物流系统具有不受人为干预的特点，在规避样本、药物丢失、误传风险的同时，大幅提升了工作效率，为病患诊疗争取了宝贵时间。此外，设计将污物智能收集管理系统引入医院。医院每天产生大量的生活垃圾以及需要清洗的被服，这些物品的收集、清洗、除臭、消毒、监控等繁复的工作都能通过污物管道智能收集系统的协助得以顺利进行，大大降低了医院人力成本的投入。

现代就医体验的提升

随着现代医学的不断发展，医院的经营与管理理念更加强调以"病患"为中心，医院建筑的设计也需要从病患的角度出发，将其就医体验放在重要的考量位置。

1. 人性化的室内形象

复旦大学附属中山医院厦门医院室内设计总体延续了建筑的绿色设计理念，围绕医院"以人为本"的宗旨，将"以人为本""提供理想的医疗环境"等思想融入设计之中，打破传统医院空间的平淡乏味，创造出全新的就医环境。

我们以"明亮通透、温馨自然、时尚简约"为主要的室内空间设计导则，就地取材，充分利用本土材料，打造出自然清新、亲切宜人的室内氛围。采用浅米色为主要基调，使空间简洁、明亮、温馨；局部点缀蓝绿色，既与滨海医院的特点相呼应，又可以使病患紧张的情绪得到缓解。

设置完善的医院标识系统，并将标识与室内环境装饰进行有机整合，利用醒目的颜色、空间的图示、放大的标记、中英文和盲文等人性化的对应标注，为病患提供了明确易读的指向服务，并以此成为室内装饰的亮点。

2. 多层次的绿化系统

在各建筑单体间设计了错落有致的绿化庭院，通过绿化空间与建筑体量的穿插变化，给使用者提供了舒适的景观，有效地解决了医院大体量建筑群中的自然采光和自然通风问题，令人宛若置身于花园当中。

虽然受到用地面积的限制，但我们仍然在几个入口广场处和沿街处设计了迎宾绿化景观，更别出心裁地在医院屋顶设计了可供住院病患观赏和使用的景观休憩小品空间，这样做的目的是充分利用立体空间的可延展性，营造出系统化的院区绿化环境。

沿建筑和院区周边设计了公共绿化隔离带，以减少道路交通噪声等对室内的干扰，并与城市绿化、入口广场绿化、街道转角绿化等共同构成一个完整的绿化系统。

现代建造模式的应用

1. 建筑设计的全过程控制

项目采用建筑设计总包的工程设计管理模式，建筑师对工程项目的室内、景观、泛光照明等各分项设计进行全过程参与和品质控制，为最终实现方案之初的设计理念提供了有力的保障。

2. 前沿技术的实施与应用

建筑设计的发展离不开技术的进步。在复旦大学附属中山医院厦门医院项目中，我们采用多项新材料、新技术，如 BIM 技术，保证了建筑设计和施工的精准性。

综上，复旦大学附属中山医院厦门医院在设计建造过程中充分考量了当地的环境、气候特征，从技术措施和艺术表达角度入手，将"以人为本"的设计理念贯彻始终，打造出一所标识性的现代化医院建筑。因势借景，让建筑从自然中来，到自然中去。

总平面图

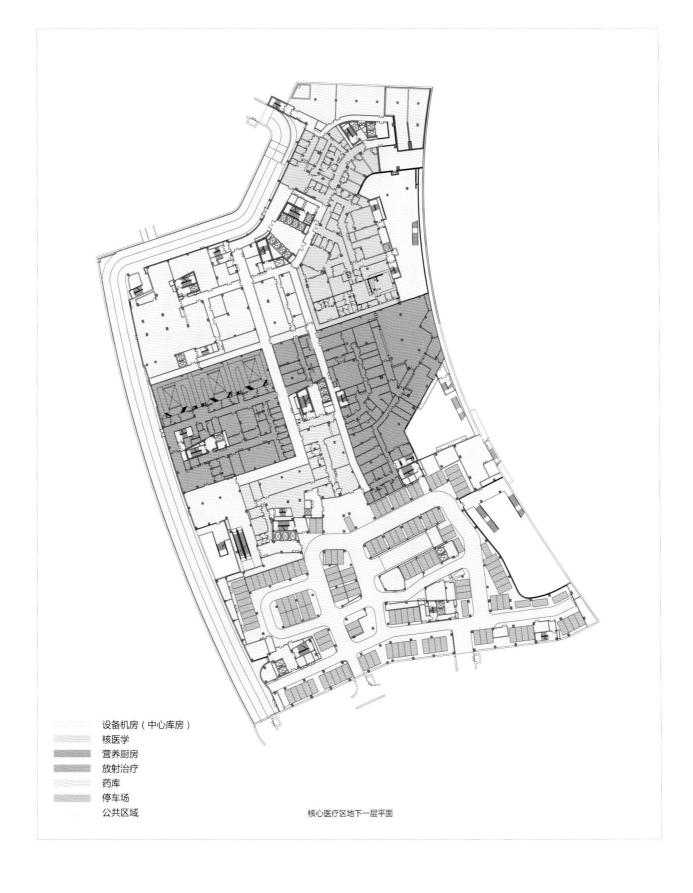

设备机房（中心库房）

核医学

营养厨房

放射治疗

药库

停车场

公共区域

核心医疗区地下一层平面

急诊
门诊
影像科
理疗科
门诊药房
变电室
公共区域

核心医疗区一层平面

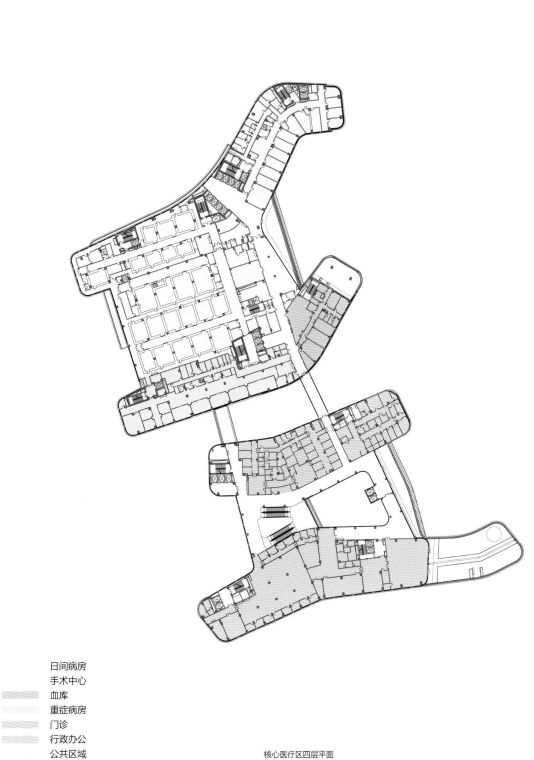

日间病房
手术中心
血库
重症病房
门诊
行政办公
公共区域

核心医疗区四层平面

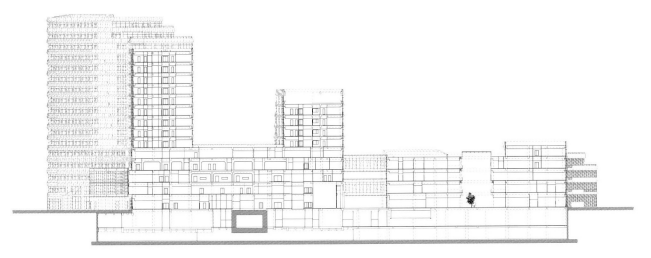

剖面图

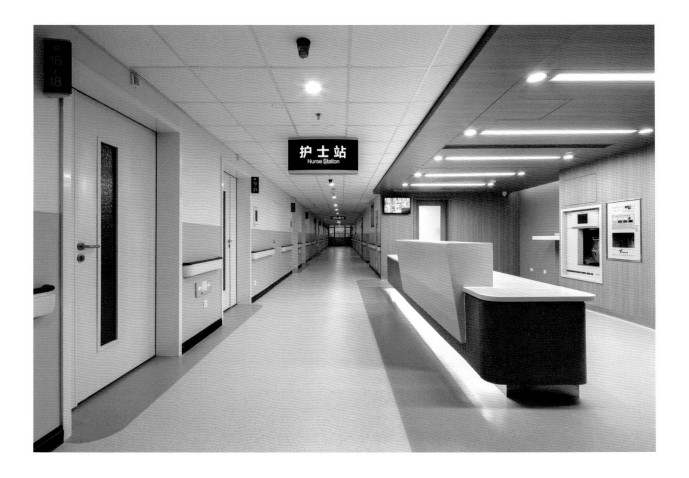

东方肝胆医院安亭医院

项目团队： 陈国亮、唐茜嵘、邵宇卓、周雪雁、周宇庆、朱建荣、朱学锦、朱文等
合作设计单位： 日本山下株式会社（概念方案）
获奖情况：
2017 年全国优秀工程勘察设计行业建筑工程一等奖
2017 年上海市优秀工程设计一等奖

智享绿色节能

东方肝胆医院安亭医院是全国第一家在肝胆外科专科医院基础上发展起来的以肝胆外科为特色的三级甲等综合医院，它既是军队医院中首个绿色建筑三星级认证项目，也是继《上海市绿色建筑发展三年行动计划（2014—2016）》颁布后首个获评中国绿色建筑三星级认证的沪上医院建筑。2020 年，该项目又获得了绿色三星运行标识。

东方肝胆医院安亭医院项目位于上海市嘉定区，总建筑面积约 18 万平方米，项目从设计初始便本着"综合""持续可发展"的设计理念，立足长远，从绿色生态、人文关怀等多个角度精心打造绿色与智慧相结合的综合性医院。

以人为本的设计理念

分区明确的总体布局、合理的功能区域设置以及便捷的交通组织是该项目设计的最大亮点，而富有层次的空间绿化组合则强调了尊重当地气候条件的生态设计策略。

为保证各功能区之间的便捷联系，在总体布局上结合基地情况将整个医院分为门急诊区、医技区、住院区和行政区四个部分。为了便于向门急诊区和住院区提供技术支持，医技区作为医院的核心布置在基地的中部，其东侧是门急诊区，西侧是住院区。

医技部设置回廊式空间，与其周边的门诊、急诊、住院各功能区形成有机衔接，突显了其通向其他各部门的便捷性。另外，通透的视野共享空间便于引导使用者通向各自的目的地。

对于病患，我们力争创造出温馨舒适的就医环境，和可供病患与家属共同使用的多样化空间；对于医职人员，我们力争创造出能够提升工作质量、保障工作热情的办公环境，以及能够丰富员工工作体验的休闲空间，让医护人员随时都以最佳状态为病患提供安心的医疗服务。

在建筑立面处理上，该项目明快而具有开放感的设计、清晰而端庄的形象展现了安亭地区现代化医院的新特征。

多角度出发，智享绿色节能

1. 便捷高效的运营体系

在该项目中，我们采用核心医疗区以医技楼为中心，住院和门急诊等功能紧密环绕的方式，构成了功能关系明确、流线便捷易懂、体系集约高效的医疗综合体。由 3 栋住院楼错落布置所构成的疗养区功能独立于医技、门诊、急救，上下重叠的构成使疗养区与外部绿地形成直接的联结关系，形成了病患所需要的安心疗养环境。

2. 绿色生态的医疗环境

项目景观设计采用了点、线、面的布局手法，设置了中心广场、医疗园道、屋顶花园等可供医生、病患及其家属休憩的场所。对病患心理产生的积极影响完好实现了环境的辅助医疗作用。

我们从医院总体布局的角度，适当引入绿化庭院，结合实用的绿色技术，打造出一所综合性的绿色医院，丰富空间品质的同时也改善了病患和医护人员的心情。

医技楼的屋顶花园采用轻质土层，提高了屋面的隔热效果和热蒸发效应，从而降低外部的热负荷，给病房楼的病患提供了舒适的休憩空间。屋顶花园与地面庭院交相呼应，形成立体生态、层次丰富的绿化体系。

医院还设计采用了地源热泵、能耗监测管理平台、太阳能热水系统、排风余热回收系统、可调节遮阳系统、光导照明系统、雨水收集回收系统等多种绿色技术。

3. 灵活转换的空间模块

门诊单元采用功能空间模块设计，这样做既有利于医院后期的空间改造与功能转换，又可以为医院远期的"新陈代谢"和"有机生长"预留出更多可能性。在保障医院功能按需更新的基础上，维持医院建筑的自身活力。

设计将交通竖井集中布置于使用空间的两侧，在构成上提高使用空间布局的灵活性，这种集约化的设计可以应对更多的变化需求。

4. 自然充足的通风采光

在进行建筑总体布局设计时，我们挑选合理位置适当引入绿化庭院，使每一个功能单元都能够享受到自然采光和通风。同时，结合巧妙的形体构成，使前后几栋病房楼相互不遮挡，保证了医生和病患开阔的视线。所有病房都布置在有充足日照的南侧，并在室外设置了尺度适宜的遮阳板，既有效遮挡了夏日强烈的日照，又不影响病患在冬日享受温暖的阳光。

5. 科学合理的"洁""污"流线

整个医院的后勤保障供应线（即所谓"洁线"，包括营养科、物资库、中心供应、药库等）全部集中设置在医技楼地下一层，如此设计可使供应物资快速到达各功能区，并通过洁运梯送至各楼层。

回收线（即所谓"污线"）设置在专设的地下二层。医院污物通过污运梯送至污物收集场地后分成可回收和不可回收两部分，打包外运。

"洁""污"分层设置，使医院的供应和物品回收集中高效。污物装货场地和洁物卸货场地分别独立设置。营养科物资库紧邻洁物卸货场地，而垃圾房、太平间等紧邻污物场地，在设计上做到避免产生"洁""污"的交叉流线。

深化方案，针对问题反复推敲

在该项目中，我认为特别值得一提是，在方案深化过程中，从实际使用的层面出发，我们曾反复推敲过的以下两个技术问题。

1. 立面"层间带状落地窗"的设计

在进行病房楼外立面设计时，概念方案采用了玻璃幕墙，而在方案设计深化阶段，上海市出台了

"关于禁止医院建筑采用玻璃幕墙"的规定，如何在原有结构体系不变的情况下将幕墙体系调整为窗墙体系是该项目在立面设计上的创新性体现。

经过反复推敲，一套适合本工程外立面的"层间带状落地窗体系"出台。这套体系借助每层挑出的结构梁板，在每层结构梁之间制作带状中空断热窗，使幕墙体系成功转化为窗墙体系，而又没有破坏原设计的效果。"层间带状落地窗体系"既保证了采光要求，又避免了传统大面积玻璃幕墙的碎裂隐患，使建筑外立面既美观大方，又安全环保。

2. 共享中庭顶部天窗设计

该项目的门诊楼和医技楼分设在基地的东侧和中部，通过一个面积约 3760 平方米的共享中庭相连。在概念设计阶段，中庭顶部被设计为玻璃采光窗，但考虑如此大面积的玻璃采光中庭在夏季是对空调能耗的巨大挑战，设计团队便结合太阳能热水系统对中庭的顶盖外形做了改进——将其设计成连续的锯齿形。锯齿形的一边为南向呈 22° 斜角（上

海地区太阳能集热板最高效率的角度）的太阳能集热板，另一边为北向且与太阳能集热板成 90° 的夹胶中空玻璃，该朝向设置消防联动排烟窗。南向太阳能集热板进行遮阳，北向消防联动排烟窗进行中庭采光。

消防联动排烟窗的水平向夹角为 68°，在多雨的季节便于利用雨水完成"自清洁"。在节点处理上，排烟窗的开启面在太阳能集热板的下方并内凹，使开启口不会暴露在雨水中，减少使用中的渗水情况。中庭顶部的锯齿形空间具有引导热气流上升的作用，而在平日，排烟窗可以为中庭提供必要的通风换气。

东方肝胆医院安亭医院建成后广受业界好评。现代化的综合医院结合绿色节能、可持续发展等理念，完好体现了项目最初的精心构思与建筑师人性化关怀的设计初衷。作为当时国内一次性建成的体量最大的医院项目，它完美地实现了大型医院建设与运行的新探索，对我国的医院建设具有里程碑式的意义。

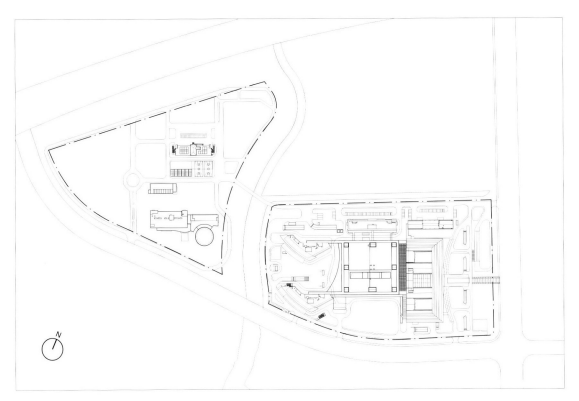

总平面图

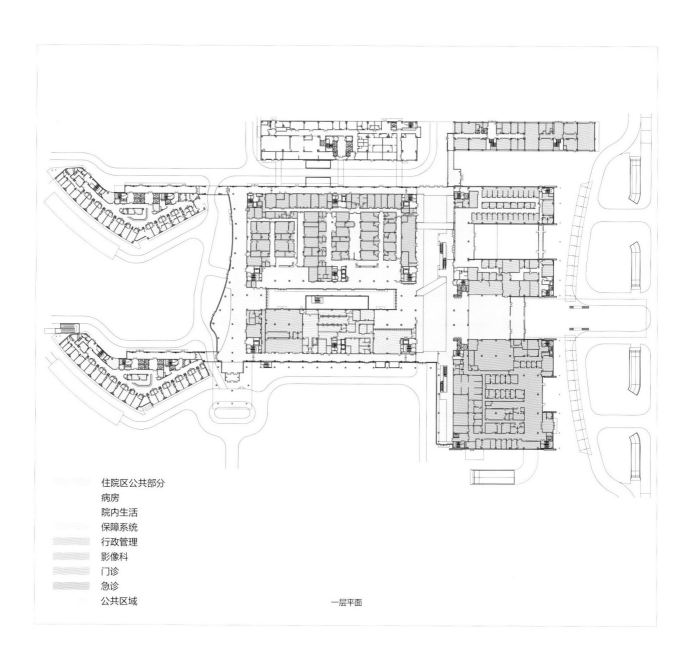

住院区公共部分
病房
院内生活
保障系统
行政管理
影像科
门诊
急诊
公共区域

一层平面

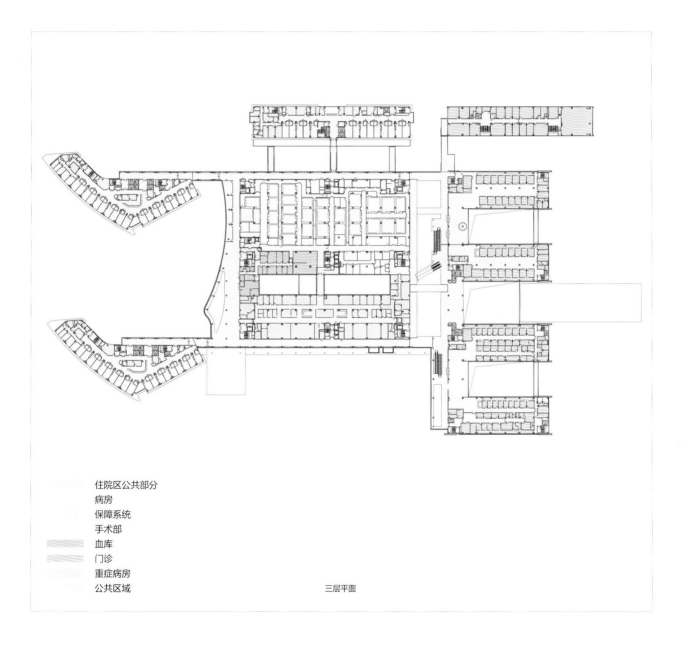

住院区公共部分
病房
保障系统
手术部
血库
门诊
重症病房
公共区域

三层平面

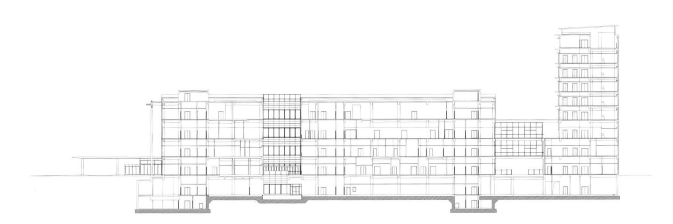

剖面图

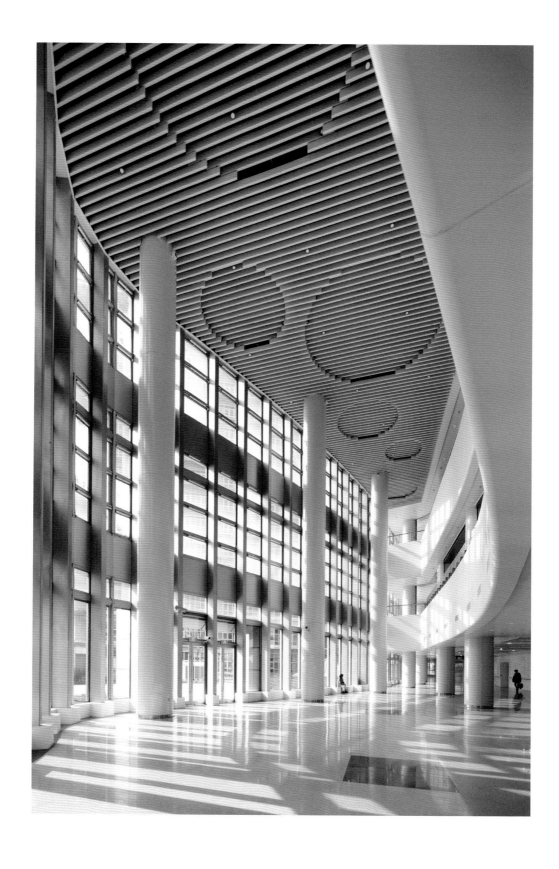

成都京东方医院

项目团队：陈国亮、唐茜嵘、成卓、郑亚丰、周宇庆、黄怡、陆振华、朱学锦、汤福南、孙瑜等

合作设计单位：美国·GSP 设计公司（建筑方案）

设计总控，创建高品质

成都京东方医院项目是 BOE（京东方科技集团股份有限公司）为落实健康服务事业的发展战略投资建设的又一所大型综合医院。该项目是 BOE 健康事业"集团化""数字化""国际化""平台化"战略布局的重要节点，对扩大 BOE 健康服务体系意义重大。

项目用地位于成都市天府国际生物城启动区，建设分南、北地块，北侧地块占地面积 150 048.61 平方米，南侧地块占地面积 85 836.4 平方米。北侧地块一期将建设医院主体（建筑面积 340 817 平方米），设床位 2000 张，预计最大日门诊 5000 余人次，日急诊量 300 人次，日体检量 300 人次。医院专业科室布局齐全，服务功能配套，要求在医院一期建设中门急诊、医技和基础设施按病床规模一次建设到位，并为未来提供适当的发展空间；医院二期将建设质子中心和配套病房楼。南侧地块一期建设行政科研中心（34 123 平方米），二期建设 1500 床专科医院。

高标准规划，高品质建设

根据 BOE 的健康战略和愿景，以及成都京东方医院项目立足于建设国际领先的数字化医院的定位，按照"构思新颖、布局巧妙、功能精致、环境温馨"的设计要求，我们进行了高标准规划、高品质建设。医院总体设计目标是：

（1）国际一流的医院建筑；
（2）领先业界的智能载体；

（3）创新服务的孵化平台；
（4）独具特色的生态环境。

由此，我们在国内塑造了一个国际化、数字化、平台化、生态化的医院建筑标杆。

先行先试，聚焦创新

1. 卓越中心 + 大综合模式的医疗布局

成都京东方医院项目设计依托综合医院，按照妇儿中心、老年康复中心、肿瘤中心和神经心血管中心的"卓越中心"模式，以独栋楼为单元设置相关门诊科室、小型医技和住院部，实现"一站式"的诊疗服务。

以妇儿中心为例。该组团设计了与妇儿诊疗相关的妇科、产科、儿科、新生儿科和生殖医学等门诊科室，并配套有宫腔镜、腹腔镜、超声等妇儿常规检查的医技设备，以及相关科室的住院部，保证了妇儿的"一站式"诊疗。

综合门诊部分以"卓越中心"模式设置为基础，根据运营需求布置门诊诊疗中心。医院中心集中设置的医技部分为综合门诊和各医疗中心提供了便捷的工作联系。

2. 新一代数字化智慧医院

在项目中，设计团队与运营团队共同协作，致力于打造智能建筑，支撑医院数字化平台，对接国际医疗卫生信息与管理系统协会 HIMSS 7 级标准和国家卫生健康委员会医院互联互通的"四甲"标准。利用互联网、物联网、云计算、大数据和 AI 技术，完善网络覆盖、闭环应用、临床支持、决策应用等手段，建立血糖监控平台、呼吸监控平台、影像检测平台和病理诊断平台，实现以病患为中心的诊断、治疗过程的数字化和医院业务管理的数字化，为人们提供涵盖疾病预防、健康管理、诊疗服务、术后康复的全生命周期的智慧健康服务。

3. 满足医疗发展的生长性设计

考虑医院未来在专项治疗领域的发展，设计在项目一期建设 2000 张床位综合医院的基础上，预留二期质子治疗用地和 1500 床专科医院用地。考虑一期项目前期医院医疗资源的使用率较低，医院需要根据使用情况分期购进和更新医技设备的情况，设计预留好相关医技设备房间和设备运输荷载路径，保证医院设备进入的灵活性和设备更新的便捷性。

4. 设计总控创建高品质医院

成都京东方医院是"超级医院总承包项目"，由上海院下属医疗院作为项目的主导设计方，承担设计总承包（方案与美国 GSP 建筑设计合作），工作内容主要包括建筑、结构、机电、室内、弱电智能化、洁净、医疗气体、BIM、人防等。参与设计的专项公司和设计团队近百人，而核心团队由上海院下属医疗院、机电院、结构院中强大的技术骨干力量组成。

项目团队充分发挥了技术优势和经验丰富的优势，坚持先行先试，聚焦创新；借鉴西方建筑师负责制的理念和国内建筑师负责制的试点经验，不局限于设计本身，将工作延伸到医院运营、工程报建、施工招标、质量监督等项目的全方位；分阶段、分层进行质量把控，参与医院运营模式研讨，从设计的角度建言献策。在项目实施中，全员全过程把关，定期组织技术例会，依托优秀技术力量，按需开展单专业、专项技术研究，对各项设计质量实时监控，实现了设计—招标—施工的全方位把控，实现了项目建设的安全、高质。

具体设计策略

一期项目建设的南、北地块由景星路作为中间分隔，北侧地块一期建设医院主体——包括综合住院楼、肿瘤中心、老年中心、妇儿中心、心血管 - 神经中心、急诊楼、综合门诊楼 7 个单元，以及进修实习楼、能源中心（地下污水处理）和设置高压氧舱、液氧、汇流排等的其他构筑物。南侧地块一期建设行政科研中心。

1. 分期建设

为了满足医院未来的使用与发展需求，在该项目的设计过程中，我们始终秉持"有机生长、持续发展"的策略。我们在设计开展之初就将二期建设发展用地考虑在内，并将一期建设与二期建设中的功能空间整合、纳入院区整体规划设计当中，力求为医院的未来发展与"有机生长"预留更多的变量空间，以应对未来医疗模式的种种变化。

根据院方要求，我们完成了北侧地块一期门急诊、医技和基础设施的设计与建设，预留出地块的西北侧作为二期建设质子中心和配套病房楼的用地。北侧地块规划完成总建筑面积约 78 万平方米，其中一期建设总建筑面积约 34 万平方米，地上建筑面积约 23 万平方米，地下建筑面积约 11 万平方米。我们完成了南侧地块一期行政科研中心的设计与建设，在其西侧设计预留的发展用地将用于二期专科医院的建设。南侧地块规划完成总建筑面积约 17 万平方米，其中一期建设总建筑面积 3.5 万平方米，地上建筑面积 2.3 万平方米，地下建筑面积 1 万平方米。

2. 总体布局

由于医院一期建设巨大的功能体量需求，我们在总体布局规划时，采取了"分解功能、集约组团、建立联系"的策略，按"卓越中心"模式将多个医疗中心排布成组团，有效降低了医院整体的体量，削弱了巨大体量带来的严重内耗和形式上的压迫感。

为高效串联功能，总体布局中，我们将医疗动线中最核心的医技功能设置在组团群中心，以医技楼为辐射点，其他功能体量呈现"包围"势态，通过一～三层的空中廊道和室外路径连接，并在楼间形成缓冲绿化庭院。这样做的目的是实现大型医技设施的资源共享，提高医技楼的可达性，最大化缩短病患就诊路径。以组团模式构成功能内部逻辑，分散布局的同时又能够加强彼此之间的联系，从而形成一种高效集约的总体规划设计。

全院采用箱式物流系统，在三层平面设水平转换层，串联各医疗中心和综合住院部分，打造出一体化的后勤物资供应平台。

3. 交通组织

南、北地块的主入口均设置在景星路上，通过入口广场的引导进入功能区域。地块内部形成交通环路，围绕功能组团组织动线，并通过次入口的设计严格划分人员流线和物资流线，避免不同功能流线的交叉，形成科学合理的交通体系。

4. 绿色生态

设计围绕"绿色建筑、绿色能源、绿色环境、绿色管理"的规划原则，并融合绿色 LEED 二星、"海绵城市"等设计理念。

通过对总平面布局的规划，结合建筑的有机排布，在基地中实现了"点""线""面"的绿化景观设置。水平绿化和垂直绿化相结合的生态系统模式进一步加深了生态设计逻辑。我们在景观设计上提出了"三环两庭八园"的设计理念，通过山、石、水、林等造景元素的合理分布，体现蜀风雅韵，为医院营造出自然疗愈的和谐氛围。

在成都京东方医院这样超大规模的现代化综合医院建设当中，我们作为设计者，充分发挥了主观能动性，以丰富的实战经验、对设计的整体把控，以及对项目全周期运转模式的不断探索，以高标准统领全局，以高品质严控过程，最终交出了令人满意的答卷。

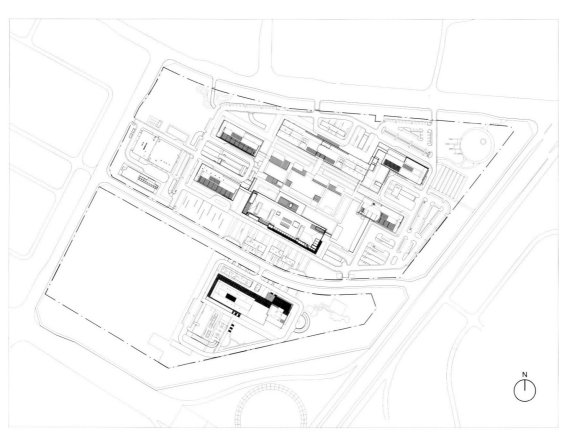

总平面图

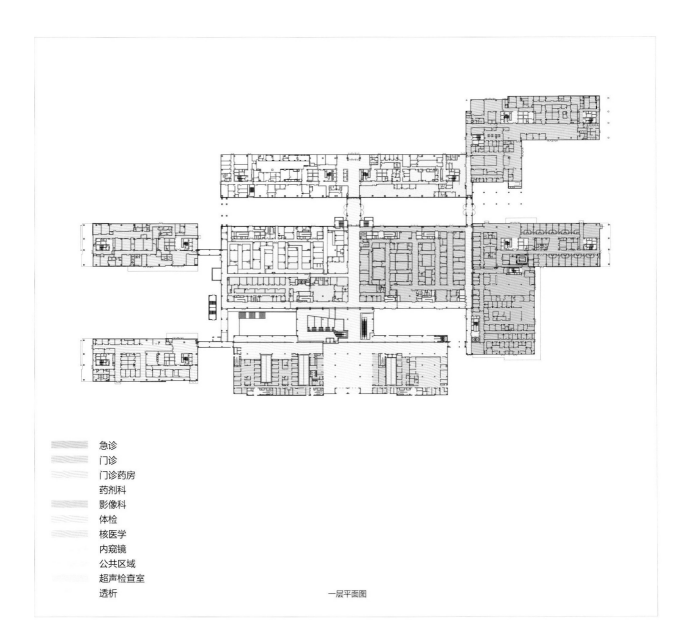

急诊
门诊
门诊药房
药剂科
影像科
体检
核医学
内窥镜
公共区域
超声检查室
透析

一层平面图

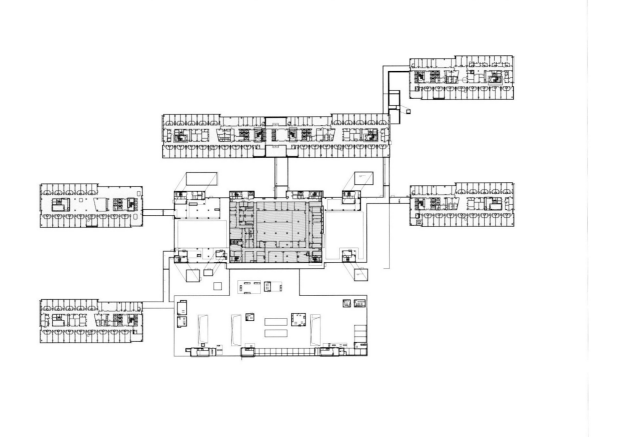

病房（护理单元）
行政办公
公共区域　　　　　　　　　　　　　　　　四层平面图

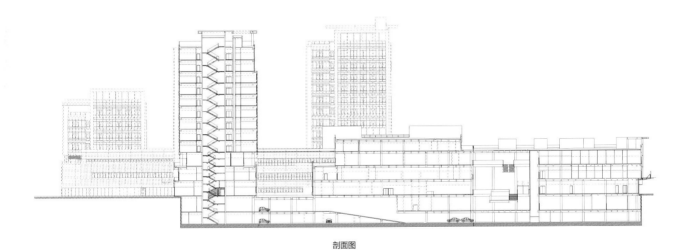

剖面图

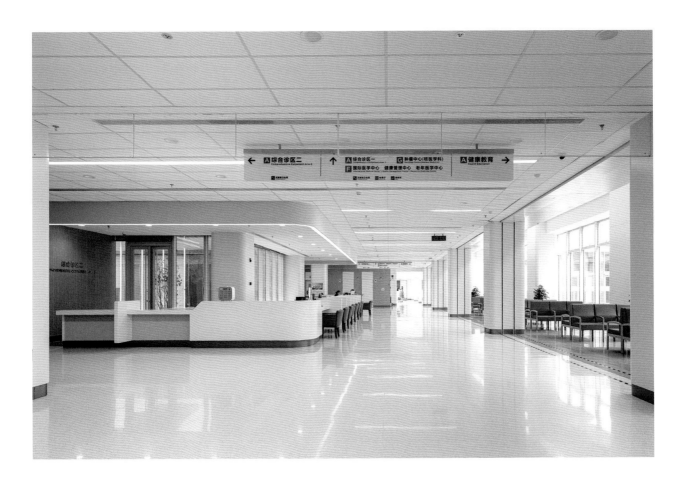

P078-079，P086-097：照片为榫卯建筑摄影

临沂金锣医院

项目团队：陈国亮、陆行舟、严嘉伟、蒋媖璐、应亚、丁耀、糜建国、陈尹、吴建斌、徐杰等
合作设计单位：临沂市建筑设计研究院有限责任公司（施工图设计）

新建超大型综合民营医院的实践探索之路

临沂金锣医院是由山东金锣集团投资建设的一所集医疗、教学、科研、预防、保健、康复、急救于一体的高标准、平民化的三级综合民营医院。一期建设规模为 1000 张床位，总建筑面积约 19 万平方米，结合二期和远期可持续发展规划，拟建成为逾 3000 张床位的超大型综合医院。

项目地点位于山东省临沂市半程镇，西侧紧邻沂蒙北路，南侧为国道汶泗公路，向南距市中心约 17 公里，总建设用地面积约 133 334 平方米。这里地处沂蒙山区东南部的平原地带，现状周边多为乡镇农业用地，地块西北远眺沂蒙山脉，东邻郝埠水库，远山近水，具有优越的自然环境。

近几年，在国家相关政策引导下，民营医院蓬勃发展。由于民营医院与公立医院在运营主体、资金来源、功能组成等方面的差异，相比公立医院，超大型民营医院在设计上有着不同的侧重点。基于民营医院的特征，我们以"总体布局集约高效、建筑空间灵活可变、公共空间舒适宜人"为主要设计方向，对其空间组织和规划进行了特质化的研究与设计。

高效集约的总体布局

超大型医院因其复杂的医疗功能和流程需求，对于功能区块的布置、各类流线的组织都有较高的要求，因而确定整个院区的总体空间布局是非常重要的一步。

1. 集中组团中心辐射式的布局

由于项目用地仅在西侧和南侧与城市道路相邻，通过分析，为使医疗活动更加有效地开展，我们在院区的总体布局上将主要的医疗功能区沿城市道路一侧排列，同时根据业主需求和民营医院的特质，综合集中式、离散式和串联式三种基本布局类型，形成独具特色的多个集中式组团整体串联的"树状辐射型"空间布局，即以一期大型综合医院为核心，向北侧"生长"，形成医疗功能发展的主轴，沿水库侧设置轻医疗分中心与主轴相连。项目整体由南至北、由西向东形成"重医疗"向"轻医疗"的自然过渡，并与远期规划中基地北侧的康养相关产业做自然衔接，在不干扰医疗活动有序开展的前提下，同时兼顾了医院对于周边产业的辐射作用。

对于动态发展中的超大型民营医院而言，集中式组团整体串联的"树状辐射型"空间布局是一种较为合适的总体布局模式。依托智能信息化系统和物流系统，以疾病种类形成集中式的治疗分中心，可以消解超大型医院体量带来的流线过长问题，减少病患频繁往返于不同功能区的现象。

2. 建筑形态的过渡

在建筑形态的设计上，沿城市道路侧的重医疗区，我们以"方正、刚毅"的设计语汇塑造出如山石般稳重有力的建筑造型，规整的建筑体量充分体现了医院建筑的逻辑性和严谨性。此外，方正的建筑平面可以提升医疗功能的平面利用率，有利于医疗活动更为高效的开展。

由于沿水库一侧的轻医疗区配置有"高端体检"、行政办公和学术报告等功能，对于建筑造型的限制相对较小；因此，我们在建筑设计上采用柔和的曲线与水岸线相呼应，建筑形态更为灵动、自由，并与水库自然优美的环境形成较好的呼应。

整体医疗园区的建筑风格由"方正、刚毅"向"柔和、灵动"自然过渡，彼此呼应、融合，形成一个有机的整体，兼顾了医疗功能的经济高效和水库环境的自然生态。

3.功能定位的发展

在该项目的规划建设中，作为最先建成并投入运营的一期建筑定位为"综合医院"，配置有33间手术室，以及MRI、CT、高压氧舱等医技设施，初期承担"全类型病患"的诊疗工作。等到项目二期建成后，一期的住院部将转收外科病患，进而将一期建筑功能转换为"外科疾病治疗中心"。二期建筑组团定位为"内科疾病治疗中心"，并针对老年科、康复科等慢性内科类疾病配套相关的医技功能，通过地上、地下的"医疗轴"与一期建筑便捷连接。

4.康养医疗的衔接

依托水库及其周边优美的自然环境，院方拟沿外围打造集医疗、康复、养老为一体的"康养小镇"；因此，如何将医院与康养产业进行衔接就显得尤为重要。"康养小镇"即"康复、疗养园区"，主要是为健康、可理人群服务的，设计上更贴近于居住区。设置在水库附近，居住其中的人既可便捷地享受金锣医院一、二期的医疗资源，又拥有较好的景观环境。

对于二期建设的"内科疾病治疗中心"，院方计划将其中部分护理单元转换为"医养结合病区"，主要为半失能、失能、慢性病或者需要医疗康复的人群服务，便于使他们更为直接、高效地利用医院的医疗资源。根据运营中收置病患数量的变化，我

们的设计可使"医养结合病区"与普通护理单元之间灵活转换，以需求决定空间使用。通过差异化的规划定位、周全的建筑设计、渐进式的建设实施，可分区、分步实现"康复疗养，医养结合，老有所养，老有所医"的大目标。

灵活可变的建筑空间

医院是多种人群、多种流线复杂交织的集合体。如何尽量缩短各类流线的空间距离，提升管理和运营效率，在各类医院的设计中都是十分重要的环节。

1.集约高效的功能布局

就一期建设而言，1000张床位的建筑体量已然是一所大型的综合医院，如何通过合理的功能布局使其运营更为高效是十分重要的。在建筑功能布局的选择上，我们以经典的"王"字形串联式布局为基础，同时考虑医院远期的规划发展，对其进行变形，将住院部叠置于医技区域之上，构建水平与垂直两个维度的立体交通，形成三维空间上的"立体王"字形功能布局。一期建筑与二期建筑之间通过医技区域直接联系，避免了住院部间隔于一、二期之间，一定程度上缩短了往来一、二期建筑之间的行走距离，而其自身集约的功能布局也便于病患更高效地利用医技功能，极大地提升了医院的诊疗效率。

2.阳光绿色的空间序列

在平面空间的组织上，我们以中心"十"字形"医疗街"为交通主轴，向外辐射形成"公共区—半公共区—医疗区"的空间序列。有序的空间层级划分有利于梳理大型医院里复杂的交通流线，提升病患与医护人员的使用效率。同时在此基础上，于各功能区之间植入多个"透明空间"——既有室外绿化庭院，也有室内通高阳光中庭——将绿色与阳

光引入室内，增加了环境的趣味性，尽可能化解了建筑体量带来的负面影响，从心理层面减弱了人行物理距离的冗长感。

以中心"医疗街"为例。以南侧主入口为起点，向北延伸，依次布置有"四层通高主入口门厅—两层通高挂号取药厅—三层挑空阳光中庭—室外核心庭院—住院入口两层通高门厅—住院部空中共享中庭"，多样的"透明空间"不仅营造出收放有度、空间节奏丰富的公共空间序列，也模糊了室内外和各个功能区之间的界限。人站在一处，视线可以"通览"室内外多个区域，巨大的建筑体量变得"通透明亮"。阳光与绿色创造出健康、舒适的疗愈环境，有助于缓解病患压抑、焦虑的情绪。

3. 灵活可变的功能模块

鉴于民营医院动态发展的需求，我们在平面设计中考虑未来功能置换的可能性，一些便于改造的区域采用了模块化的设计。例如一期门诊部的设计，我们考虑医院初期门诊量不大，所以设计只在一～三层开设门诊，四层作为行政办公和实训用房；待门诊量逐步增加后，再将行政办公和实训用房调整至二期建筑中，扩大门诊部区域。办公室与教室功能对平面的限制较小，采用单元模块设计有利于后期功能的改造转换。另外，对于二期住院部，我们出于与康养功能相结合的考虑，设计的空间便于内科住院病区与医养结合病区之间的功能灵活转换。

相对于内科住院病区的护理单元，医养所需的医疗看护级别相对较低，在转换中医护功能可适当减少，或几个病区合并设置。这样，将腾挪出的空间改造为公共活动空间，如棋牌室、阅览室等，可为身处其间的康养人群提供更多的社交活动机会。待改造区域可使用轻质隔墙，便于功能上的转换。

舒适宜人的公共空间

一个舒适、阳光的疗愈环境不仅能为病患带来

最直接的心理感受，更能间接减缓其病痛；因此，在该项目中，我们将设计重点聚焦在如何营造舒适宜人的公共空间，力求通过对疗愈环境的关注，达到"以人为本"的设计目标。

1. 整合环境资源

项目地块周边青山绿水，景色宜人，如何最大化地利用优厚的环境景观资源，借景造势，是我们规划初期设计的首要考虑因素。

经过对整体布局和建筑群体造型的反复推敲，并结合医院远期可持续发展的规划内容，我们的设计是：院区北侧建筑体量高、直、平，立面舒展，使沂蒙山脉的美景一览无余；院区东南侧建筑体量横、阔、缓，其倒影可映射在水库中，别有风味，令人心境平和。

2. 构建绿化体系

医院建筑的大型体量常常导致其室内空间缺乏充足的自然采光；因此，分解体量并在其间植入绿植庭院成为我们消减这种不良影响的有效设计手段。在该项目中，我们设计引入了系统化的绿化庭院和屋顶花园，其作用就是为建筑内部空间引入更多的阳光与绿意，将自然环境引入室内，创造出有利于医患心理健康的良好环境。

相对集约的用地策略使得院区内可以植入更多的广场花园，满足建筑组团之间自然过渡的同时，形成连接城市道路与水库湿地之间的绿色廊道，呈现出一种建筑与自然和谐共生的状态。

随着医疗机构的多元化发展，在医院建筑设计领域中，民营医院正蓬勃兴起，而其大型化、高品质化也逐渐成为今后的发展趋势。相对于公立医院，民营医院有着自己的特征与个性，只有寻找到其功能与形态、新建与既有、业主与建筑师、现实与愿景等多方面的平衡点，才能最终达到建筑功能性与艺术性的有机融合。

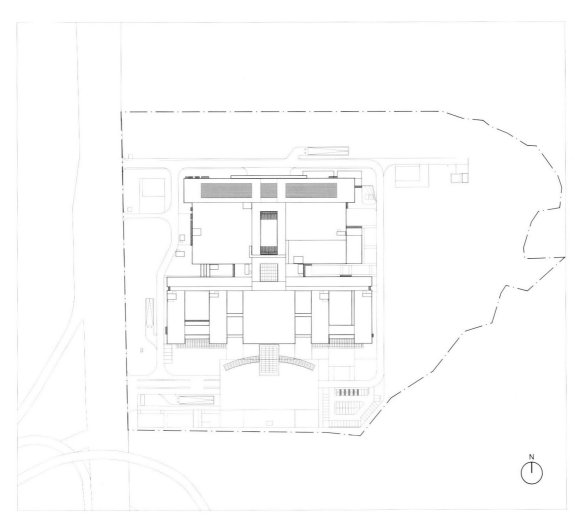

总平面图

N

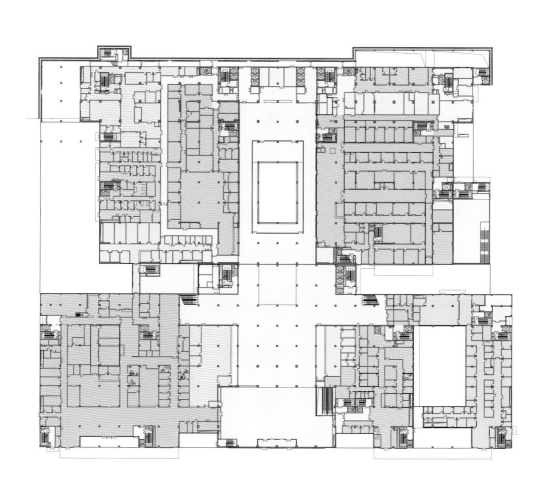

门诊医技
门诊药房
门诊
检验科
急诊
体检
放射科
重症病房
住院区公共区域
行政管理
保障系统
公共区域

一层平面图

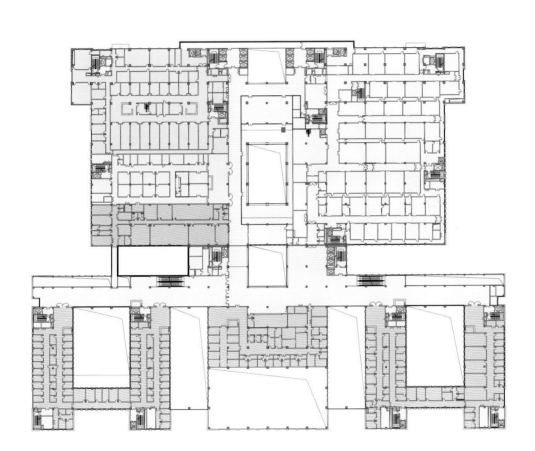

门诊
血库
体检
重症病房
内窥镜
手术部
行政管理
保障系统
公共区域

三层平面图

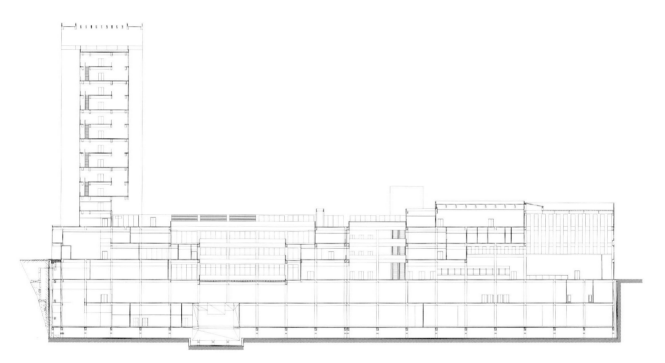

剖面图

复旦大学附属
华山医院北院

项目团队： 唐茜嵘、钟璐、周宇庆、施辛建、孙刚、沈佩华、葛春申等
获奖情况：

2017 年全国优秀工程勘察设计行业建筑工程二等奖
2013 年上海市优秀勘察奖一等奖

传承历史风貌，创新现代功能

2009 年，上海市政府为了解决市郊群众看病难的民生大事，启动了近 30 年以来最大规模的医疗资源布点调整——"5+3+1"工程，即 5 所新建医院、3 所改扩建医院和 1 所迁建医院。复旦大学附属华山医院北院项目是该工程当中 5 所新建市级三甲医院之一。

项目基地位于宝山区顾村镇大陆村境内，南邻有"城市绿肺"之称的顾村公园，北邻 20 米宽的沙浦河，西为规划中 40 米宽的陆翔路，南为规划中 32 米宽的镜泊湖路，交通便捷，周边环境优美，地理位置与自然条件都很优越。基地面积约 98 490 平方米，原有水系被改迁基地东侧。医院初期建设规模 600 张床位，总建筑面积约 7.2 万平方米。

建成后的复旦大学附属华山医院北院是集医疗、教学、科研、康复、急救功能于一体的具有国内先进医疗服务水平的大型综合医院，既作为宝山地区及其周边郊区的区域性三级甲等综合医院，又是新型高层次教学培训和科学研究的医疗中心。

高效集约的规划设计

现代大型医院作为高效率、高能耗的建筑类型之一，空间的可达性和使用率是保证其功能性良好前提下的重要设计因素。如何高效集约地进行院区整体规划是总图设计的关键之处。

1. 集中布局

我们在对基地现状进行综合考量后，选择了集中式的平面布局方式。这样设计出的建筑布局紧凑、流线便捷，可以最大化集约医疗资源的利用。

我们将医院的总体功能在总图上划分为门急诊区、医技区、住院区、感染区和行政科研区五部分，其中门急诊、医技、住院三大功能区集中设置：医技区布置在中心位置，作为整体布局的核心，为各功能区提供技术支持和资源共享。拥有 580 张床位的住院楼设置在门急诊和医技楼北侧，横向的两个单元采用板式布局形成展开的空间界面，为病房争取到最大的采光面，提高了住院部内部的环境质量。

由于传染楼与行政综合楼功能相对独立，我们在主要功能集中布局的基础上将这两部分功能单独设置，通过规划道路与主功能区保持紧密的联系。考虑传染病楼的特殊性，我们参照当地常年风向，将拥有 20 张床位的传染病楼安置在基地的西北角（下风向），既起到了控制、隔离的作用，又营造出一个相对独立、私密的诊疗环境，非常有利于病患在此的治疗和休养。行政综合楼设置在基地的东北侧，有效避免各种人流的混合交叉，形成一处独立的办公环境。

考虑医院远期的可持续发展，在规划总图上，我们在现有布局的基础上于现有主要功能区域的东侧预留了未来门急诊、医技和住院部的发展用地，充分体现出我们在先期建设时在建筑、交通和绿化等多种层面上为医院的远期发展所做的深度考量。

2. 纵横轴线

依照总图上集中式的布局方式，我们设计了纵横贯穿基的三条主要轴线，将门急诊楼、医技楼、住院部三大主要功能区块串联起来。

　　南北向贯穿三大主要功能区块的主要轴线是"医疗主街"，这是一条动线最短、可达性最强、功能集成度最高的纵向通廊，方便医患在不同功能楼间自由转换；医技楼和住院部间的横向景观轴线、门急诊楼和医技楼间的横向交通轴线共同形成了医院水平方向上的交通骨架，连通了地块东、西两侧的功能和景观资源。在这三条主要轴线的交叉点上，自然形成了内院公共空间。模块化布局的门诊单元、紧凑集中的医技科室和简洁的住院部紧密围绕内院，在分区独立、明确的同时又能相互产生联系与沟通，打造出趣味盎然的建筑环境氛围。

　　这样"一纵两横"的轴线布局方式也同时考虑了院区远期的可持续发展和建设。结合现有集中式的建筑布局，为医院未来预留更多可生长、变化的可能性。远期拟扩建的功能区块将紧密集中在现有功能区的东侧，沿轴线向东伸展，与现有建筑功能保持关联的同时，继续享用这个轴线系统提供的便捷资源。

3. 串联环路

　　我们在集中布局的门急诊、医技、住院三大功能区外围设置了环形道路，与"一纵两横"的轴线产生交叉节点。其中，西侧、南侧的交叉节点根据功能需要，结合绿化景观，被设计成敞开式的出入口广场；北侧、东侧的交叉节点被设计成舒适、宜人的室外公共空间，成为诊疗空间与院区东北侧庭院之间的完美过渡。

　　我们沿各建筑单体设置环路，结合基地出入口，使"洁""污"、门诊、住院等流线各行其道，在保障各功能完整、独立的同时，也避免了各种流线的交叉。

以人为本的建筑设计

　　我们充分考虑现代医院建设中倡导的"以人文本"的设计理念，设计伊始，就从病患的角度、从"利医、利患"的层面出发，深刻思考如何才能通过建筑设计全面体现"功能服务于人"的核心价值观。我们始终将病患的就医体验放在设计的首位。

1. 模块化设计

　　作为上海市"5+3+1"工程项目，在投资造价和建设规模有限的条件下，为最大限度保证医疗空间功能的有效使用，我们在平面布局上采用了模数化柱网设计。门诊空间在柱网的控制下形成通用的单元式布局，可根据需要自由分配。这样的设计手法使诊疗空间充满了灵活性、可变性和扩展性，为将来拆解或合并使用的空间规划预留了更多的可能。同时，模块化的设计使得相应的室内空间和所配置的医疗设备能够保持协调一致，从而节约了资金的投入。

2. 便捷交通

　　医院建筑各个部分的设计都充分体现了我们"以人为本"的理念。由于采用了模块化设计，门诊区域绝大部分诊疗用房都拥有直接的采光和通风，每两组门诊单元之间设置景观与通风走廊，分层挂号收费，有效减少了人流拥堵造成的就医体验感差的问题。

　　我们在急诊区域设置了急诊、急救、观察三大功能区，并通过绿色通道、垂直电梯与位于四层的手术室便捷相通，从而保证了急诊处置环节的高效化、流程化，极大减少了在交通动线上耗费的时间，确保了医院的接诊治疗效率。

　　医技部各楼层功能明确、互不干扰。四层为手术中心，采用独立的污物回收处理模式，门诊手术部与中心手术部同层布置，达到了最大限度的资源共享。

　　住院部共设 14 个护理单元，每标准护理单元床位数为 47 张，可根据不同科室的实际需求有所增减。

传染楼与行政综合楼独立设置，保障其功能完整的同时，避免各种流线交叉产生的混乱。

3. 文化传承

复旦大学附属华山医院始建于 1907 年，悠久的历史沉淀出深厚的百年老院的文化特征。新建的华山医院北院在设计上延续了华山医院的文脉特点。建筑立面温馨、典雅的调性来自对大量古典建筑元素的应用，建筑色彩选用了和华山医院总院、东院同色系的红砖色。我们秉承百年历史医院的特色，使华山医院北院和周边环境有机融合，使建筑看起来姿态端庄，饱含亲切感。

在古香古色的建筑外观让人过目难忘的同时，我们又协调统一了室内设计，使之在一定程度上和室外建筑形成呼应。室内选取与医院外部暖红色相近的颜色为主色系，引入色彩模型体系，按功能在整个建筑内设立了 5 个主色彩模型，增加了空间的识别性和趣味性。

绿色环保的景观设计

宜人的就医环境不仅能够为使用者带来最直接的舒适的心理感受，更能通过"绿色"和"阳光"的环境氛围，给病患的疗愈过程赋予"正能量"；因此，在设计中，我们着重考虑打造优美、绿色、环保的环境景观体系，力求通过对疗愈环境的关注实现"以人为本"的设计理念。

1. 系统绿化

我们在设计中充分利用基地特色和周边环境，加强景观和环境空间的打造，将自然环境引入治疗空间当中。

我们用总体布局中规划建设的横向绿化景观轴线串联了院区绿化和庭院公共空间，将"绿色""阳光"渗透医院内环境当中，舒缓了严肃的诊疗氛围；我们在门诊楼设置了 3 个室外庭院，增强了空间的趣味性；在其他节点和交通轴沿线我们用室内休息小环境加以点缀，使病患和医护工作者随时可以感受到室内外的绿色，享受舒适的环境。

此外，我们在设计中尽量减少地面层的车流干扰，利用景观设置明确导向和限定，将车流限制在可控区域内，并设置下沉式物流广场，隐蔽室外卸货区，做到合理动静分区的同时，使地面绿化更加舒适、宜人。

2. 节能环保

我们在设计中采用了分布式供能系统，以清洁能源——天然气作为原料。燃气内燃机作为发电设备，发电后产生的烟气经换热器交换后可制备热水，使余热得以充分利用。热水可供给采暖和生活用水等多种用途。通过能源的梯级利用提高了能源的总体利用率，促进了医院的节能环保。

此外，我们在不同楼层、不同位置布置采光中庭、采光廊和屋顶花园，将自然光充分引入建筑内部，以达到降低室内采光能耗的目的。

作为上海市"5+3+1"工程中重点建设的大型三甲综合医院之一，复旦大学附属华山医院北院走出了一条成功的探索建设之路。设计在满足现代医院功能需求的基础上，集高效性、灵活性、环保性、可持续发展性和经济性于一体，传承百年历史文化，构建出一个"以人为本"的"城市疗愈生态花园"。

总平面图

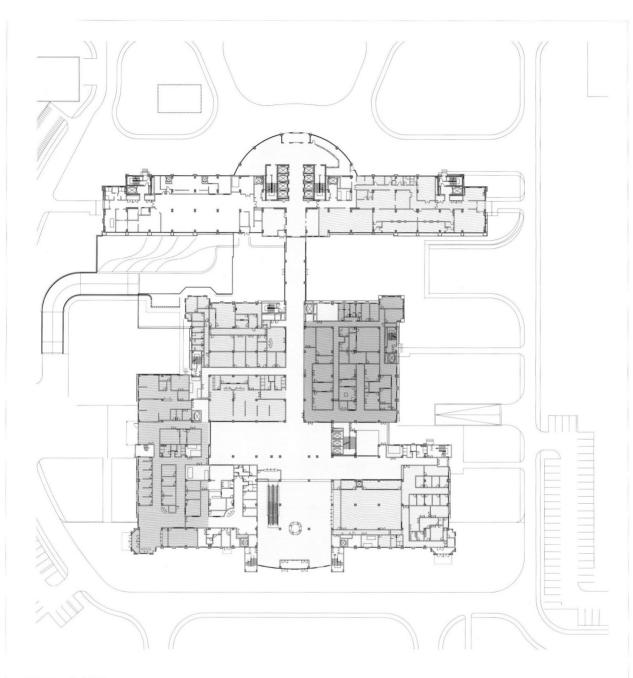

门诊药房
急诊
病房
产房
放射科
核医学
保障系统
院内生活
公共区域

一层平面图

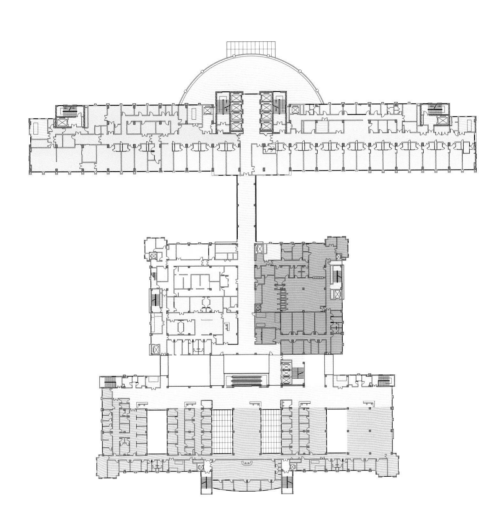

产房
病房（护理单元）
公共区域
保障系统
门诊药房
病理科
中心供应
内窥镜
手术部
保障系统
公共区域

三层平面图

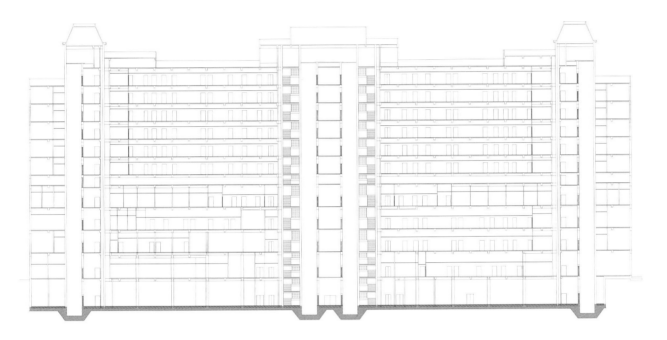

剖面图

复旦大学附属华山医院浦东分院

项目团队： 陈国亮、唐茜嵘、钟璐、宣景伟、熊业峰、陈尹、孙刚、施辛建、沈佩华等

医疗工艺流程设计驱动下的传统医院建设改革

随着我国加入世界贸易组织，医疗市场逐步开放，社会观念发生了巨大的变化。市场蕴藏的无数隐性需求使各种经营模式的医院应运而生。上海作为亚洲乃至世界的现代化大都市和国际金融商业商务中心，日益受到世界的关注。上海金桥出口加工区紧跟国内经济发展的节奏，逐步形成国际化社区和商务中心，这不仅要有先进、完善的商业商务设施，还要有与之相称的达到国际先进水平的医疗机构。复旦大学附属华山医院的管理方敏锐地抓住市场需求，探索医院运作的新模式。

事先对医院的工艺流程进行系统设计对医院建筑设计来说是一项全新的工作。医院工艺流程设计是指在医院建设之前，设计人员通过对医院的经营战略思想、服务规模、服务流程、设备配置、人员配备等进行充分消化、理解，经过专业测算，以"蓝图"的形式将医院的工艺流程准确地"描画"出来，作为医院规划、建筑设计、室内设计等的"指南"。这样做可以使医院从建筑规划或设计伊始就能体现"运营"的思想，从而保障医院建成后高效有序的发展以及资源效益的最大化。

复旦大学附属华山医院的管理方在项目开展初期就与设计团队一起制定了明确的建设目标，即建造一所能够通过国际认证标准的现代化医院。由此，院方在国内率先参照国际医院的筹建模式，和美国哈佛大学医学研究中心（HMI）合作，引进其先进的医院医疗管理流程，结合本身的发展构想，创造出全新的医院模式。

项目建设初期的思考

复旦大学附属华山医院浦东分院地处上海金桥出口加工区，项目占地 30 049 平方米，总建筑面积 44 297 平方米，建成后由住院部、门急诊部、医技部、手术中心、ICU 中心、放射诊疗科等组成，设有住院床位 300 张。医院建设目标是在病患诊疗流程、医疗服务理念、医院管理模式、环境规划布局上全面接轨"国际品牌"，满足病患高品质的医疗需求。

该项目是一个改扩建工程，建设分三部分内容：① 对原有已经建设的部分进行内部功能调整；② 因为需要增加护理单元，在原有建筑局部三层的基础上加建一层，成为地下一层、地上四层的建筑；③ 在原有建筑东侧扩建，并与原有建筑相连。我们对总体项目的设计提出了以下奋斗目标：

（1）在不违反现行建筑法律、法规的基础上，结合原有建筑的实际情况，充分满足 HMI 的医疗工艺流程要求。

（2）建立合理的建筑体系，在满足医疗技术与工艺对空间要求的基础上，同时满足使用者对舒适度的要求。

（3）对原有建筑、新扩建部分和加建部分进行综合调整和规划，使其从内部功能到外部形态均呈现出整体性。

完善的设计理念

1. 聚焦病患，舒适诊疗

设计使用具有最大灵活性和扩展性的模块化布局方式。通过这种科学的建筑体系的建立，使医院建筑的功能性与空间性高度统一、秩序性与舒适性完美结合，保证诊疗效率，缩短等候时间，充分体现以人为本的设计特点。

2. 资源整合，提高医院运转效率

功能、效率是医院建筑的关键性设计因素。一方面，医疗资源的集中设置可以避免昂贵医疗设备和工作人员的重复投入；另一方面，医疗功能的集中将使人和物都要面对各种运输和通行体系，医护和病患可能需要往返或穿越多个部门，增加了通行的距离和等候的时间。要平衡以上二者间的矛盾，就要合理制定医疗资源的使用效率标准，将各功能区域按照其特点和相互联系的关键路径进行整合。

3. 医院管理信息化

该项目引入了综合医疗信息系统（SMIS）、医学影像储存传送系统（PACS）、临床病理自动化系统、物流自动化系统等完善的高科技诊疗基础设施，成为走在尖端诊疗技术前列的优秀医院，真正实现了以病患为中心的医疗服务（最短候诊时间，无需监护人等），主导了新医疗文化。

4. 环境设计人性化

我们在该项目中设计的优美的环境对缓解病患的紧张情绪、促进康复起到了积极的作用。在占地面积较大的集中式布局平面中，我们采用"减、引、透"的手法，在不同楼层、不同位置布置采光中庭、采光廊和屋顶花园，使每个楼层都有可供病患休憩的宜人环境，不仅为病患提供了温馨、舒适的就医环境，还为医生、护士、管理人员、护工等提供了良好的工作条件，同时也为病患家属提供了便利的陪护条件。

5. 延续历史，对话环境

作为一家提供高品质医疗服务的医院，华山医院浦东分院不仅是品牌的彰显，更是实力的体现。院区旁的碧云国际社区为多风格的欧美式建筑，而华山医院则拥有悠久的历史，位于乌鲁木齐路12号的华山医院5号楼原址为"中国红十字会总医院暨医学堂"。为了表达对历史的尊重和与周边环境的对话，我们在建筑造型上以不同体块的穿插创造出丰富的空间和光影效果；用灰色仿石喷涂、红砖外墙、玻璃等材质和做法，以清新明快的基调创造活泼、人性化的环境氛围。精致的细部设计和小空间设计加深了建筑的内涵，表达出我们对环境的尊重、对空间的理解，以及对文脉的延续。

规划和建筑单体设计

在总体布局上，我们充分考虑医院原有建筑的功能布局和特色，扩建部分与原有建筑相结合，成为一个和谐的、互相关联的整体。

在建筑功能布局的设计中，我们将门诊、急诊、住院入口设置在医院主入口处，路线明显，使病患及其家属一目了然。门诊部采用了模块化设计，其通用性、灵活性和可变性彻底改变了传统医院"医生坐诊，病患流动"的方式，转变为"病患不动，医生流动"的诊疗方式。医生、护士以病患为中心，围绕病患开展各种医疗流程，缩短了病患等候时间，真正做到"聚焦病患，舒适门诊"。

我们将医院手术中心布置在二层，设置了急救绿色通道，救护车直达入口，并设专用电梯。手术中心以8间手术室为核心，另外配备了2间心导管室，2间内窥镜室，3间小手术室（兼门诊手术）。各诊疗区既相对独立，又可资源共享。中心手术区

设置术前、术后区，共 22 张床位，提高了手术室的周转率和利用率。

医技中心分为放射科、放射肿瘤科、病理检验科等，依据功能及其与其他各部门的关联性布置在地下一层至二层。医疗检查设备按工艺特点分区布置，满足了设计规范上对安全屏蔽要求。

为方便管理，我们为医院设置了集中办公。地下一层设有医院会议中心，满足了国内外医疗信息交流和远程会议的要求。

我们引进先进的医疗运送系统，解决了"洁""污"物品的运输，减少了运输通道的设置，将节省下的空间用于医疗；缩小了药房面积；取消了门急诊化验。采用物流传输和专职人员运输的方式，我们解决了医院的物品运输和资源整合，提高了医院的运转效率。

复旦大学附属华山医院浦东分院大楼共设有15 台电梯：5 台医用，5 台客用，2 台供应梯，1 台厨房货梯，2 台餐梯。我们的设计合理满足了医院不同的使用要求，做到了"洁污、内外、动静"的分流。

在建筑的立面设计上，我们根据医院使用功能上的要求，结合原有建筑形式，以实墙为主，通过体块的穿插变化和细部的装饰处理，采用不同质感和不同色彩的建筑材料，力求体现医院建筑的个性，创造出亲切舒适、安逸宁静的室内外环境和空间氛围，赋予建筑以现代感，同时又传承华山医院的百年历史文脉。

系统化的医疗工艺流程

运行模式决定着医院的生存与发展。策划新建一所相当规模的医院要以社会医疗服务为根本，以运行模式为关键，以管理体制为核心，以无形资产为优势，以社会需要为动力，以连锁经营为方向。这需要在医院建设策划阶段就对医院的运营、各科室的发展、人员和设备的配置等有总体的构想，并以此确定医院的建设规模、品质档次，以及建成目标。另外，还需确定医院建设发展的近期、远期目标，使建筑设计具有前瞻性。

1. 围绕病患开展医疗服务

总体上讲就是，将门诊、急诊入口设置在医院主入口处，使病患及其家属一目了然；模块化设计的门诊部，除眼科、口腔科、五官科这些有特定设计要求的科室外，其他科室不划分专用诊室，而是通过设置 4 个可以灵活使用的通用门诊单元使诊室的使用率得以最大化。

通过我们的设计，使医生、护士"聚焦病患"，围绕病患开展医疗流程具体表现在：① 日常诊断、常规检查、取样、听取医生意见、拿取药物和医疗纪录等都在同一诊室内进，充分体现处现代医院建筑以人为本的设计特点。② 急诊不设留观室、注射室。病患通过分诊，病情轻的病患进咨询室，诊疗后回家；需要短期留院观察的病患进入检查室，诊疗后回家；急、重症病患待稳定生命体征后进入手术室或住院部。③ 住院部取消出入院登记处，只设置咨询服务，应用医院管理信息系统，使门诊病患在诊室、急诊病患在检查室、住院病患在病床边就可方便地办理出入院手续。

2. 建立医疗工作站，分工合作，各尽所能

我们设计扩大了医院各医疗功能区内的"护士站"面积，将其赋予新的功能——"医疗工作站"；取消了分散在各功能分区内的医生办公室、护士值班室等办公用房，将其另外集中设置。医疗工作站供医生、护士和行政秘书日常一起工作，药剂师、营养师、护工等也可根据需要在此工作，这样可以为病患同时提供医、护以及其他相关的综合诊疗服务。此外，医疗工作站还是日常物流的一个站点。

3. 以技术换空间，提高空间使用率

我们为手术室设计引进"手术密封车专用运输

系统"（case cart system），解决了"洁""污"物品的运输问题。手术室内不设污物走道，节省的面积可以用于设置 30 张床位的术前、术后区。术前区用于为病患进行术前更衣、麻醉等准备工作，术后区用于医护人员及时观察和了解病患的术后反应，以及等待病患苏醒。术前、术后区的设置提高了医院手术室的周转率和利用率。另外，在医院设计中，我们集中设置医院药房和病理检验科，避免设备和人员的重复配置；设计配备电话或网络预约，做到病患随到随诊，也因此减少了建筑中的等候空间。

4. 管理信息化，设备先进化，建筑模块化

医院管理的信息化起步于建立"一人一账号"制度。病患使用"一卡通"随医疗流程自动结账；门急诊的挂号、收费、取药，以及住院部的出入院手续等都可用 IT 和物流替代，使医院人群集中排队的现象消失不见，方便病患和员工的同时，也提高了医疗效率，塑造出安静、亲切的人性化医疗环境。

我们在医院建筑设计中，配备了先进的空调系统，一改传统的"风机盘管＋新风系统"为"末端再热型的变风量系统"。空调箱放置在机房内，通过加热或制冷对空气的温度进行调节，避免了风机盘管装置冷凝水污染吊顶和滋生霉菌的问题，在改善医院室内空气质量的同时，降低了疾病交叉感染的发生率。在房内放置变风量末端，通过它对风量的调节来适应负荷的变化，以满足不同使用者对温度的要求。

模块化的建筑布局使医院具有最佳的灵活性和扩展性，为未来发展留有充分的余地，满足了医院未来发展的要求。

5. 善待病患家属和医护职工，提供必要的工作和生活设施

医院建筑要实现"以人为本"的设计理念，除

了为病患提供温馨、舒适的就医环境外，还要为医生、护士、医院管理、物业、护工等院内工作人员提供良好的工作条件，为病患家属提供陪护上的便利。因此，我们在每个医疗功能区都设计了以下设施：医护工作站、会议室、药品准备室、洁物室、污物室、保洁工具室、设备储存室、轮椅担架储存室、饮水食品室、家属休息咨询室、员工休息更衣室和员工厕所。此外，我们还集中设置医院办公区，包括医院管理中心、医生办公室、护士值班室、物业管理处和护工休息室等，并在一楼设置综合服务区，功能包括小商店、花店、假发店、眼镜店和非处方药店等，方便病患的同时，也善待病患家属和医护职工。

6.21 世纪的数码医院

复旦大学附属华山医院浦东分院按照国际现代化医院标准进行设计，所有的医疗设备都有 HL7 的接口，以便与信息系统联网，方便数据采集和远程会诊。门诊挂号可网上预约，病历和文件管理采用先进的注册信息和电子医疗纪录，并设监控连接和医疗决议警报，病床边的电脑系统除可解决病患的出入院管理外，还便于工作人员实时了解病患情况，及时进行医疗处置。

医院的流程随着科技发展和管理进步而持续变化，不存在一个万能的设计解决方案。成功的医院设计需要业主高瞻远瞩的勇气，也需要建筑师、医疗顾问、系统供应商以及其他技术顾问的共同合作与精心规划。在医院的设计与建设中注重结合医院自身的经营需要和管理模式，去塑造医院的特色与优势。

作为建筑师，我们在复旦大学附属华山医院浦东分院项目中，引进了先进的国际设计理念，以现代化医疗工艺流程设计为先导，运用多种创作手法，在建筑设计中致力于将医院的共性与特性相结合，使其成为一个布局合理、运行高效的诊疗集合体，将医院从一个"医疗机器"转变为一个"充满希望和关爱的地方"。

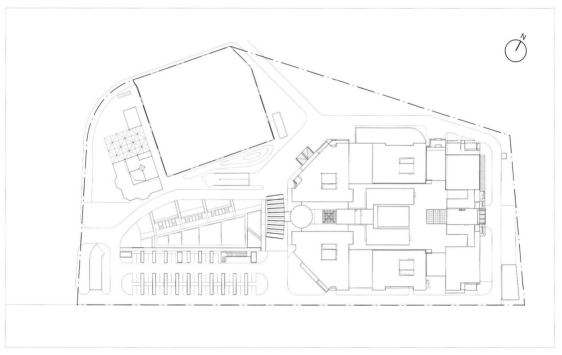

总平面图

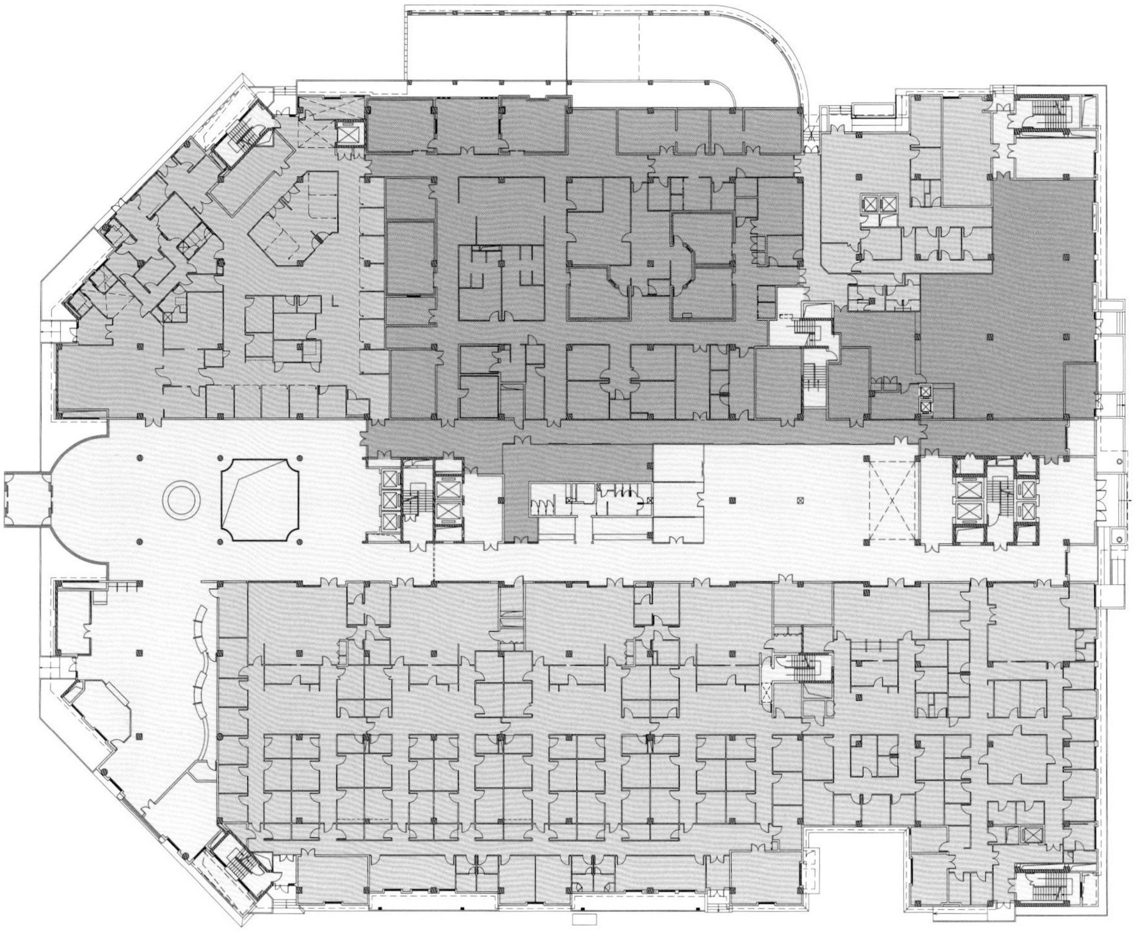

门诊
急诊
放射科
营养部
公共区域

一层平面图

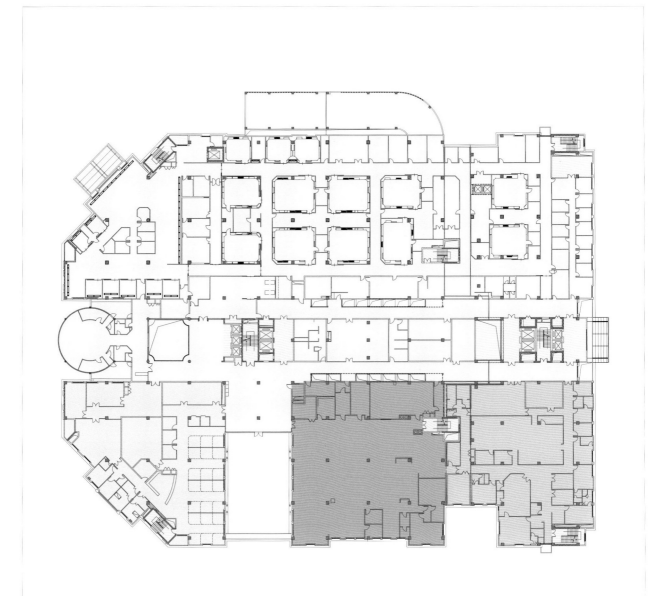

手术室
行政管理
病理科
透析
公共区域

二层平面图

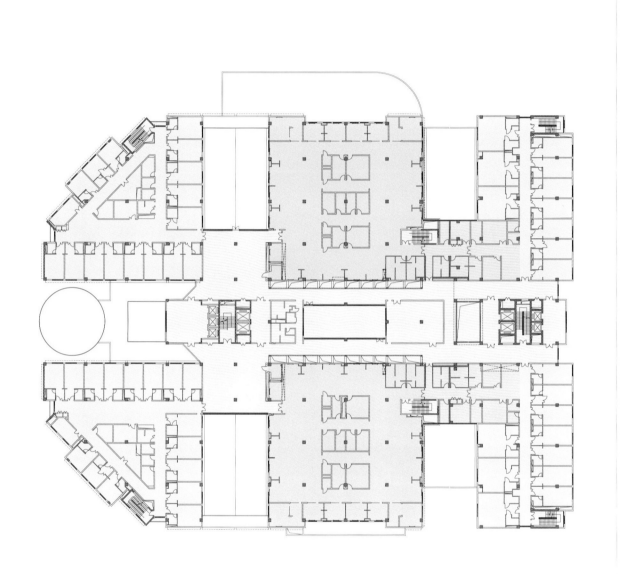

病房（护理单元）
重症病房
住院区公用部分
公共区域

三层平面图

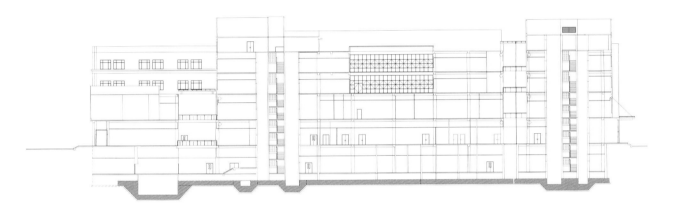

剖面图

1.2 营利性医院的规划与设计
PLANNING AND DESIGN OF FOR-PROFIT HOSPITAL

案例

上海德达医院

慈林医院

嘉会国际医院

莱佛士医院

无锡凯宜医院

上海德达医院

项目团队： 张行健 、唐茜嵘、邵宇卓、杜清、徐晓明、张士昌、葛春申、万洪、邓俊峰、张协等

获奖情况：
2017 年全国优秀工程勘察设计行业建筑工程一等奖
2017 年上海市优秀工程设计一等奖

极具特色的 "医疗生态系统"

上海德达医院隶属以创新医疗服务为宗旨的德达医疗集团，是一家按照 JCI 标准（全球最高水平的医院管理和服务认证标准）建设的以心血管治疗为特色的综合性外资医院，立足于国际化标准的高品质医疗服务，是美国哥伦比亚心脏中心目前在中国唯一的临床合作伙伴。

上海德达医院一期位于上海市青浦区徐泾镇，基地东侧为徐乐路，南侧为徐耀路，西侧为无航运河道——嵩塘港，北侧为项目的远期发展用地。项目一期主要包括医疗主楼和行政楼两组建筑，总建筑面积约 5 万平方米，设有 200 张床位，拥有 38 间重症监护病房、7 间手术室、2 间心导管室和 2 间复合手术室，开设有心脏内科、心脏外科、医学影像与介入科等，计划在充分发挥心血管专科特色的同时，辅以妇科、儿科和全科等综合科室，为病患提供全方位的诊疗照护。

上海德达医院项目的建设不仅要以美国建筑师协会（American Institute of Architects，AIA）的相关设计标准为指导，而且还要严格符合中国现行设计规范。由于该医院的最大特色是"治疗心血管疾病的外资综合性医院"，同时配备了最为先进的诊疗设备和最好的医疗团队，所以对于设计，不仅要在建筑外形上独具匠心，而且还要在整个建筑布局、环境、设施等方面全力打造，为病患及其家属营造一个极具舒适感、亲和感，且能最大限度满足治愈环境要求的场所。

有机的整体布局

鉴于医院自身的特定性质、规模、建设标准和用地特征，该项目运用"单体组合"的设计手法，通过一条东西向的轴线把多个功能的建筑单体联系起来。随着这条轴线由东向西延伸，从室外停车场、行政楼等辅助性功能建筑向医院主体建筑过渡，与此同时，整个建筑群体的高度也逐步上升，建筑单体间的关联性也逐步紧密，从而强化了中轴线的视觉感受，构筑出一个完整统一的建筑群体。

项目主体建筑在东侧主轴线方向形成一个"前景广场"，用以缓和自入口行至此地的车流和人流，通过圆形花坛造景形成的环形交通缓冲带既起到了分流作用，又为就诊病患带来心理上的舒适感受，缓和了其就诊焦虑感。

主体建筑被安排在基地内西侧相对安静的区域，各个功能体量于主轴线上围合出一个中心庭院。以医技功能为核心，在中心庭院周围布置门诊部、急诊部和住院部。中心庭院的绿化景观使医院的内部环境与周边环境完美结合。主体建筑南侧沿徐耀路设置次入口，急救车流线和物资运送流线被合理地安排在次入口处，避免了与来自主轴线的常规就诊流线交叉。

行政楼被布置在基地的东南侧，靠近主出入口，流线清晰。几组建筑自然围合成一个开阔的入口空间，两侧绿化环绕，这是我们设计打造出的"花园景观式入口空间"。把地面停车区域规划在靠近主入口的轴线道路两侧，我们合理安排停车位，解决了医院停车难的问题。

整体院区规划紧凑、合理，功能高度集约，流线简单、科学，结合大面积场地绿化，为医院带来了舒适宜人的环境氛围。

温馨的空间营造

在空间设计中，我们着重考虑了建筑的使用感和体验感。主体建筑内各个空间的大小、形状以符合医疗流线的导向性需求为标准，空间具有比例合理、尺度宜人，以及综合性、多样性和舒适性等特点。

主体建筑的入口大厅部分被设计成充满艺术感的立体化空间，通过落地玻璃可直接观赏到中心庭院的景色，形成视觉上的通达感，有效分散了病患的就诊压力，起到了积极的心理暗示作用。

我们在入口大厅两侧设计了横向回廊，有效缩短了门诊、急诊和医技间的流线距离，便于医疗资源的共享。同时，我们将回廊空间的局部放大，形成等候、休憩的场所，既丰富了空间层次感，又具有极强的可识别性，使病患能在功能复杂的综合楼内迅速找到目标科室，完成医疗活动。

中心庭院四周的回廊空间在确保交通流线畅通的同时适当增加了宽度，结合四周围绕中心庭院的大面积透明玻璃幕墙，在保证采光的同时，也增强了与外部环境的融合，改善了室内就医环境。

由于设计采用了规整的柱网，使得医院功能单元能够做到模数化设置，确保了功能性、灵活性和可变性。

该项目的手术室和ICU两个区域同层布置，合理高效。手术区的形式采用国际上使用较多的"中央供应型"，不仅可以减少消毒物品在搬运过程中的污染问题，也减少了医护人员的重复劳动。医疗主楼的四、五层为住院区，在平面布置上，采用了"同层双护理单元"的形式，即两个护理单元为同一科室（心血管科）服务，东、西向各设一个护士站，医用房间呈南北向对称布置。这样的设计增加了医护人员对工作环境的可识别性，最大限度地为医护人员的日常工作和对物品的使用带来方便。由于这样的设计缩短了每个护理单元中医护人员到病房的距离和时间，从而增加了病患被照护的时间，提高了医护人员的工作效率。

我们还在各楼层为病患和医护人员设计营造了各类休闲空间，如鲜花礼品店、餐厅、服务中心和家属休息室，还特别为医护人员提供了休息室、图书室、健身房和瑜伽房。这些空间既舒适又具有私密性，可以使病患和医护人员从紧张的氛围中解脱出来。

生态的景观体系

上海德达医院的景观体系从立体空间上可划分为下沉式景观广场、地面景观庭院和屋顶花园三个层面，在我们的合理安排和精心设计下，共同构建出医院的生态环境，确保了疗愈空间的舒适性。

下沉式景观广场位于行政楼北侧，通过一座"桥"将行政楼主入口与院区前景广场相连，使人们在行走时能够体会到不同层次的景观变换，增强了入口处空间的趣味性。同时，下沉式景观广场有效地解决了地下空间的通风与采光问题，为工作人员提供了良好的视野，是一处安静、安全，具有较强归属感的场所。

地面景观庭院位于主楼中央，在整个基地东西向轴线的中心区域，处于建筑功能体量围绕的核心。景观庭院通过边缘的回廊在医院建筑中起到了串联各种医疗服务功能的作用，同时也为其周边的建筑引入了自然通风和采光。地面景观庭院设计为由斜面玻璃幕墙围合的四棱锥形，由于采用了这一极具视觉效果的外观形式，增强了其在整个医院建筑群中的核心地位，从而彰显了医院独特的个性。地面景观庭院通过天然的石材堆放和规则的绿化布置产生对比，形成了极富禅意的意境，可帮助病患恢复平静，更专注于治疗和康复。

屋顶花园大大丰富了上海德达医院的绿化景观，现有的多个屋顶花园分布在医院建筑的各个屋顶和平台，可供四、五层住院病患使用。他们置身于院区，可从不同的视角欣赏到不同的景观。屋顶花园具有绿地生态功能的同时，使医院的外部环境品质得到了进一步提升，也有助于提升上海的城市形象。

精致的立面设计

上海德达医院的立面造型设计十分符合医院建筑的功能特点——简洁、明快、大方、美观。我们摒弃烦冗的建筑符号，通过纯粹的几何形体穿插，使用石材、铝板、玻璃等材质延续文化脉络，强化了建筑的整体性。方正的平面布局符合各种功能的使用要求，建筑造型在方正中又有适度变化，在建筑形式与医院功能有机结合的基础上，达到了简洁而不失变化、大方而不失温馨的效果。

主体建筑东侧主入口立面采用底层玻璃幕墙结合上层典雅石材立面的表达方式，减弱了体量的厚重感，营造出亲和的氛围，模糊了室内外空间的对立关系，使病患获得了舒适的心理感受。

上海德达医院不仅具有齐全的医疗设备，也具备了良好的可信度和完善的管理体系。我们的设计不但为医院创造出一个极具特色的"医疗生态系统"，也使之成立一个更加科学、合理的医疗场所，处处体现出"真心实意为病患"的设计思想。

从整个建筑布局、环境设施到诊疗服务的全过程，我们都是以病患为核心，所做的规划设计不仅达到使用功能的基本要求，更为病患及其家属营造出一个极具舒适感、亲和感，且能最大限度满足治愈环境要求的场所。同时，我们的设计兼顾长期在院工作的医护人员的需求，为他们提供了良好的工作环境，全方位实现了"以人为本"的设计理念。

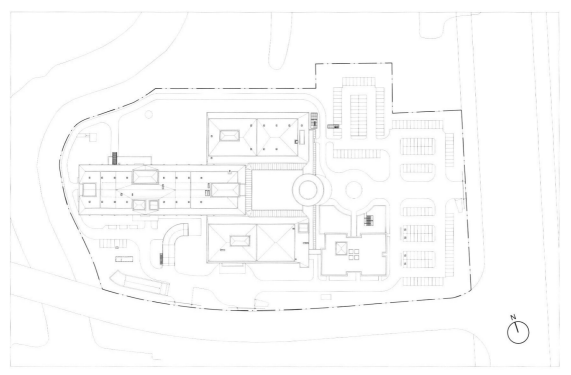

总平面图

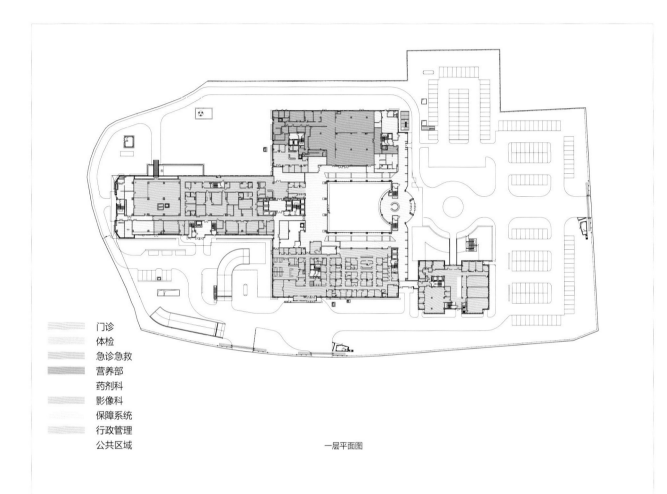

门诊
体检
急诊急救
营养部
药剂科
影像科
保障系统
行政管理
公共区域

一层平面图

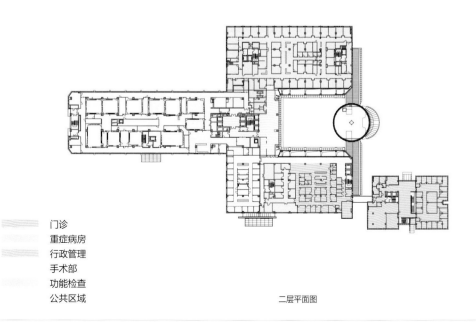

门诊
重症病房
行政管理
手术部
功能检查
公共区域

二层平面图

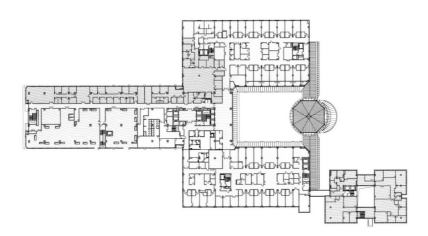

检验科
手术部
药剂科
住院部
行政管理
保障系统
公共区域

三层平面图

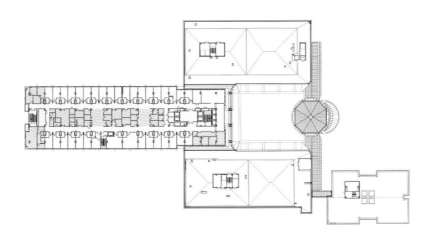

病房
行政管理
公共区域

四层平面图

剖面图

慈林医院

项目团队：陈国亮、唐茜嵘、成卓、钟璐、钱正云、周宇庆、史炜洲、赵俊、万阳、孙刚等
合作设计单位：美国 GSP 设计公司（建筑方案）
获奖情况：
2019 年全国优秀工程勘察设计行业建筑工程二等奖
2017 年上海市优秀工程设计一等奖

中美合作，创新设计

慈林医院是 CHC（Chinaco Healthcare Corporation）医疗集团在中国投资建造的第一家合资的大型国际综合性医院，项目位于浙江省慈溪市观海卫镇，基地总用地面积 120 000 平方米。医院投资方期望建造一所具备美国医院运营管理要求和建造标准又融合中国医院特色的、可同时满足低、中、高端客户治疗需求的新型医院。

基于此，中美双方设计团队合作编制了融合两国医院建造规范和标准的"慈林医院建造标准"，并以此作为指导原则，注重"集中灵活性""可持续性"与"疗愈性"，为慈溪观海卫镇新兴市郊社区提供出融合中西方医疗实践的最佳建筑设计方案。

美国医疗建造标准与中国建筑规范的融合实践

该项目从最初的策划到实施方案的确定过程中，中美双方设计团队从两国医院的案例研究到运营模式的探讨、比较，从认同差异到思考美国医疗设计理念在符合中国建筑范下的应用，与包括中外医院管理方和政府主管部门等进行了数十轮的研讨、论证，编制出的"慈林医院建造标准"（包括医疗工艺、机电标准、材料标准等）解决了美国医院运营管理模式与中国建筑设计规范及医院管理规程间存在冲突的问题，为完成新模式医院的建设奠定了坚实的基础。

1. 制定整体设计标准

"建设与中国实践相结合的国际化新型医疗机构"是中美设计团队制定的总体设计策略，并以此为指导拟定了医疗技艺流程、平面布局、机电设计标准等相关设计细则。

2. 打造综合手术治疗中心

为提升医院的诊疗安全和运营效率，我们设计打造了综合手术治疗中心，将中心手术区、介入治疗区、内窥中心等功能进行一体化设计，采用美国中央清洁供应型手术（中心）布局模式，按照 1 : 3 的比例配备手术准备和康复床位，在实现资源集约共享的同时，大大提高了手术周转率。

3. 实现医院内外功能分区

为塑造动静有序、舒适高效的医疗环境，我们在医院的功能分区上采取了"对内、对外功能区域分离"的设计策略，将后勤供应区和医疗区分开设置。

医院后勤服务楼单独设置于主楼西侧，包括饮食服务、能源供给和物资管理，通过"洁""污"走廊系统连接医疗区，解决了医院物资循环的同时，满足"洁""污"流线分设的要求。

医疗区域内分设住院区、医技区（包括手术室、ICU、产房等）和门急诊区，实现医护、住院病患、访客、门诊病患、供应等流线从平面到各层立体的交通分设。医疗支持系统位于自然层，包括中心供应、药房、实验室等，竖向支持全院医疗服务。

4. 一站式治疗模式

医疗综合工作站提供"一站式治疗"模式，以便于医疗团队在适当的空间中协同工作。我们的建筑设计实现了一个简单的流程——门诊、住院入口合并共享医院主入口，从主大堂到预检台左右分流。

我们将标准工作站分布于各医疗功能单元——门诊配置模块化的护士站和医疗综合工作站点，住院部护理单元设置主工作站和位于东西两侧护理单元内的分工作站。

医院未来灵活可变的"有机生长"

1. 分期建设

我们的设计从为医院提供使用上的"最大可能性"和"扩展性"的角度，将一期建筑布置于基地的南侧，使院区内的门诊楼、医技楼、病房楼和能源中心等均可在二期、三期向北侧有机扩展。我们在设计中充分考虑一、二、三期建筑发展的空间布局方式与相互联系，充分体现"可持续发展"的设计概念。

2. 模块化设计

我们在病房楼设计中采用模块化设计，实现单人间、三人间、套间之间的灵活转换。与国内常规水平向设置医疗设备带不同，在我们的设计中，医院每间病房均配置 3 套垂直向医疗设备带，可以配合不同的床位数灵活使用。

3. 接驳共享

我们在医院底部设置了 2200 毫米高管线夹层，用于一、二期机电设施的共享，并满足管线的接驳需求。

室内外交融的绿色疗愈空间

医院建筑设计不是简单满足医疗工艺的功能环境设计，而是力求营造适合的自然环境、建成环境、社会环境和象征性环境的"疗愈环境"。

我们在慈林医院的室内设计中引入了"动感"和"溪流"：用通透的采光天窗引入自然光线，用中庭流线型花坛给室内带来绿色和自然的气息，用墙面上的树枝图案象征顽强的意志与生生不息的生命力，用大理石的弧形拼花图案营造出主要大厅内"蜿蜒的溪流"，并使"汩汩细流"指引病患进入各科室的候诊区，用候诊区挂号口和护士站的水波纹木装饰背景墙再一次呼应主题。

在室外环境设计中，我们通过立体化庭院的塑造呼应"绿色疗愈空间"主旨。流水、喷泉和以"生命"为主题的动态抽象雕塑作为室外环境的视觉焦点吸引了人们的视线，增添趣味性。此外，我们将季节性变化明显的植栽与常绿植物相结合，用自然界的动态变化使人心情愉快，更加有助于病患的心理健康。

基地地形的重塑

设计充分利用南侧规划道路与基地 1.6 米的高差，通过弧形坡道的设置将住院部、门诊部的主入口抬升至二层平台处，不仅减少了回填的土方量，更创造了富于变化的景观环境。我们用不同标高的出入口设计巧妙地解决了医院医生、病患，以及"洁""污"流线的设置。

设计总控，实现建筑的高完成度

从设计到施工配合，我们建筑师总控室内、标识、景观、幕墙、智能灯光照明和专项设计（包括手术、中心供应、重症监护、中心供应、产房、静脉配置、厨房、洗衣房等），确保满足建筑整体设计要求。

融合先进的国际医疗领域建设理念，打造符合自身特点的设计标准是该项目的看点，亦是难点所在。慈林医院完美实现了投资方的期望，成功打造了一个中西方医疗建设理念相融合的项目标杆。

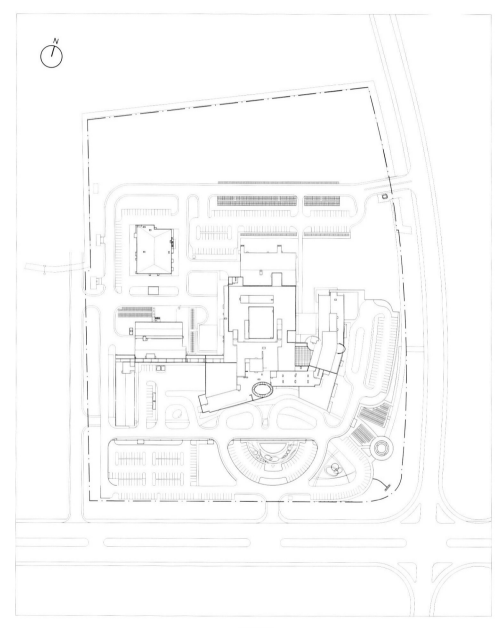

总平面图

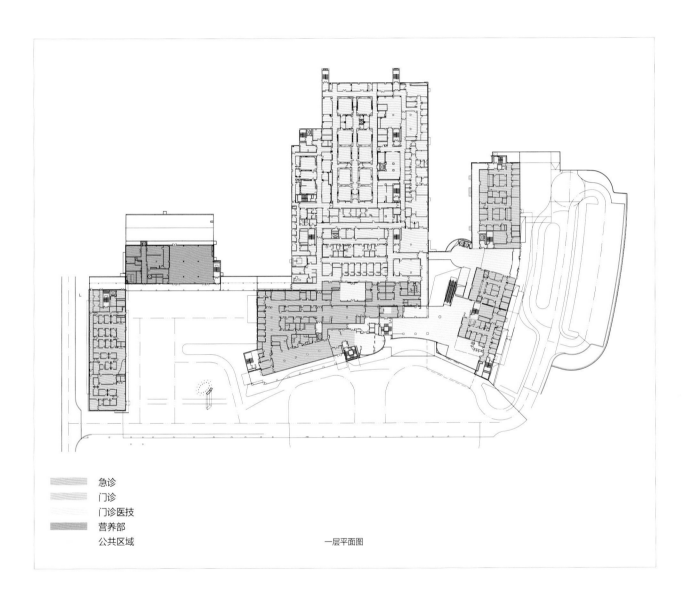

急诊
门诊
门诊医技
营养部
公共区域

一层平面图

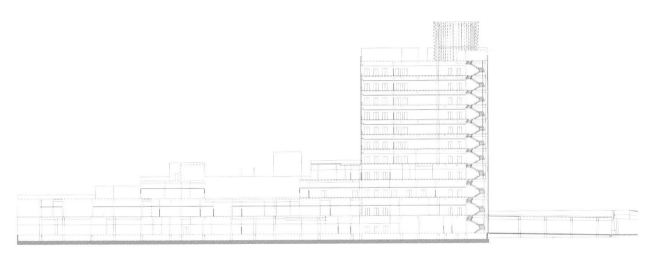

剖面图

嘉会国际医院

项目团队： 陈国亮、唐茜嵘、成卓、钱正云、周宇庆、朱建荣、朱学锦、朱文、
贺江波、刘兰等
合作设计单位： 美国 NBBJ 建筑设计公司（建筑方案）
获奖情况： 美国 LEED 金奖

全然照护，体现人文关怀

嘉会国际医院是上海建筑设计研究院与美国麻省总医院联合打造的"国内顶尖、亚洲一流、国际水准"的综合性国际医院，以高端医疗服务为主，引入美国先进的运营管理理念和医疗技术，在满足国内建筑规范的前提下遵循美国 FGI 和 JCI 标准，并符合美国 LEED 金奖以及国内绿色二星建设标准。

嘉会国际医院位于上海市漕河泾开发区，东侧临桂平路，南侧临钦江路，基地面积 32 904 平方米。医院由医院主楼（含 3 层地下室）、能源中心和科研楼组成，总床位数为 246 张，总建筑面积为 18 万平方米，地上建筑面积 98 712 平方米，地下建筑面积 76 000 平方米。一期建设医院主楼和能源中心。

全面完善的设计理念

1. "全然照护"——以病患为中心的服务理念

嘉会医疗服务团队由医生、护士、医疗助手和专家组成。医护和病患间打破了常规的层级关系，更像是平等互助的伙伴关系，这种协作模式将医疗重点由诊疗、手术、护理转变为"家庭式"的健康照护方式，支持病患完成最佳健康状况的历程。

病患在就诊过程中——听诊、预处理、常规检验、诊断、开方——始终处于舒适的诊疗空间当中，由医生、护士和助理来回走动为病患提供各项医疗服务。这是嘉会运营团队在筹建初期会同麻省总医院等海内外顶级医疗机构共同探讨、制定的诊疗模式。也就是说，病患在就诊的过程中不需要往返奔波于收费、检验、诊室之间，而是安心地接受周到的医疗服务，享受轻松愉悦的就医体验。

2. "人文关怀"——细致入微，急病患之所急

现代化医院的建设理念除了延续以功能为主导的设计传统外，更注重人文关怀层面的设计侧重，从完善使用者的体验感角度出发，通过提升空间环境和医疗服务品质，从大处着眼，从小处着手，急病患之所急，以细微之处的设计用心，营造舒适宜人的疗愈环境。

3. "庭中之院"——自然与光的艺术

诊疗环境对于病患更快、更好地康复起着极为重要的作用。当病患感受到医院环境的舒适宜人时，其自我心理疗愈机制会产生正面的积极的作用，从而影响其物理疗愈的过程。建成后的嘉会国际医院是一个花园中的医院，将自然光照和绿化设计融入空间是该项目设计的主要目标之一。

4. "科技至上"——超五星的入住体验

嘉会国际医院运用当今最先进的信息科技技术，结合完整的医疗照护，满足病患及其家属、医护人员的各种需要，通过个人化、互动式科技的运用，改善病患的就医体验，提升医疗专业人员的工作效率。

5. "效率优先"——高效、便捷、舒适的工作空间

现代医院的高效运作有赖于医护人员的工作效率。嘉会国际医院的建筑空间设计在关注如何提升医护人员工作效率方面进行了反复的研究，我们本

着"效率优先"的设计原则,创造出高效、便捷、舒适的工作空间。

具体设计策略

1. 项目定位

根据嘉会国际医院项目的医疗服务定位,我们在其环境设计上以"绿色生态"为主要概念,通过屋顶花园、下沉庭院、地面绿化等多个层次的环境布置,创造出优雅宜人的就医环境,为病患提供优质的康复空间。医院的一切设计均从人性化考虑,并保证各项辅助设施齐全。

2. 总体布局

嘉会国际医院的主体建筑位于基地的东侧,由北部 15 层病房楼、南部 5 层门诊楼和中间连接的 2 层医技楼组成。此外,医院的能源中心位于基地的西北侧,基地的西南角为预留二期科研楼的发展用地,而为了满足医疗功能和停车的需求,地下室在场地中接近"满铺",共 3 层。

3. 交通组织

医院主入口设置在基地东侧的中央位置,主出口设置在南侧偏东位置。进入医院的车流可以在大堂前下客后驶离,或者从东南侧坡道进入地下停车场。医院东北角为后勤和急诊急救的出入口。基地的西南角为医院二期科研楼的出入口以及医院的污物出入口,而为了满足卫生防疫要求,我们在此二者之间设置了隔离带。

4. 平面设计

嘉会国际医院地下三层为停车库和人防区域;地下二层为停车库和洗衣房;地下一层为放疗、牙科、厨房、物业后勤、设备用房以及部分停车;建筑一层为医院的主入口大堂、门诊药房、放射科、急诊急救、肿瘤科门诊和住院部接待等功能;二层主要为化疗、手术区域和门诊手术区域;三层为主药房、NICU 和 IVF 等功能;四层北侧塔楼为妇科门诊、妇产科和剖腹产区域,南侧为门诊区域,其中包含儿科门诊和儿保门诊;五层南侧为门诊区域,设有医师培训中心和康复科门诊,北侧为 CSSD 和实验室区域;六层为设备层;七、八层为 ICU 病房;九、十层为产后恢复病房;十一~十五层为普通病房,并在两侧该层端头设置 VIP 病房。各层功能布局合理,流线清晰。

我们所做的病房标准层设计与国内常规相邻病房对称布局的方式不同,每一间病房的布局完全一致,包括医疗设备带、工作台、灯光控制等。这样,医护人员在进入病房操作时就无需思考由对称的空间布局带来的操作差异,能够更加迅速准确地执行相关操作,避免错误。病房内设置医护工作台和墙面垂直玻璃书写面板,医护人员无需多次往返于护士站和病房即可在病房及时进行医疗处理、治疗方案讨论和工作记录,大幅降低了医护工作中的交通时间。每个护理单元单独设置环境优雅、整洁的备餐吧台,服务于病患家属和医护人员。

我们在门诊设置标准化医护工作站,包括前区直接对病患服务的接待收费和后区的工作站两部分,保证了医护人员集中高效地工作。重症监护室采用全透明玻璃自动门,并在监护室之间设置工作台和转角式观察窗,便于医护人员观察与及时进行记录。由于我们在设计上的一系列细致考量,营造出了舒适明亮的工作环境,让医护工作者能够精力充沛、心情愉悦地服务于每一位病患。

5. 立面设计

以节能为出发点,嘉会国际医院的立面由具有遮阳功能的水平向线条组成,根据日照分析的结果,立面的水平向实体也在加宽和变窄,用以调节立面的阳光进入量,变宽的实体墙面同时可以遮挡低角度的太阳光。立面材质以陶板、铝板和玻璃为主，结合基地内场地、屋顶绿化景观，塑造出自由、流畅、端庄、大气的建筑形态。

我们曾在设计施工图深化的过程中，结合上海地区对于医院玻璃幕墙使用的限制规范对原有立面设计的节点进行改进，使其符合了窗墙体系的相关规定。通过和幕墙专项设计顾问、结构专业人员的密切配合，我们还深化了幕墙与场地的交接节点、幕墙与室内的交接节点、变形缝的设计等内容。

设计特点和难点

1. 在运营管理模式和设计规范上的中美融合

嘉会国际医院作为目前上海最大的引进外资的医院，其奋斗目标是采用国际公认的最佳实践准则，成为中国领先的医疗机构，致力于提供高效、综合的、以病患为中心的医疗服务。因此，从运营到设计，均组成了中外联合的团队，集各方所长，形成适合嘉会国际医院的特有设计策略和标准。其中具有代表性的是国外医院 Casecart 系统在医院中的运用使部分流线出现交叉可能，我们采用相应技术措施和切实的设计解决了相关问题，而针对美国式的核医学设计，我们通过数次和国内卫生管理部门的沟通进行调整和优化，最终合理安排 SPECT/CT、PET/CT、PET/MRI 和核素病房的布置和流线，在较小的空间内整合了高放区、低放区、办公和公共区域。

2. 绿色医院

嘉会国际医院项目按 LEED 金奖设计并满足国内绿色二星建筑要求。在建筑设计方面，立面结合造型、节能和美观要求做横向的线条变化，屋顶采用绿化屋面和高反射涂料，通过庭院穿插提供自然采光和开放空间，出入口设置地垫，70% 以上的墙体采用石膏板隔墙以保证建筑空间的灵活性，设

置符合 LEED 要求的低排车位和拼车车位等。在结构和机电方面，我们也采用了多种策略，例如根据不同房间的隔声要求设计出不同的板厚和梁高，选用符合要求的节水器具，设置符合 LEED 要求的日光感应器和声感应器，采用透水路面和雨水回收系统等。

在院区整体绿化环境上，我们设置了下沉式庭院、公园式中央庭院、屋顶绿化等多层次的绿化体系，为整个医院提供了宜人的环境。公园式中央庭院位于项目的中心部位，人们从较低楼层的大部分位置都可以直接观赏到，它在构成自然绿化景观的同时还构成了建筑内部重要的导向核心。步入主大厅，绿茵环绕，自然绿色的庭院和清新雅致的接待环境给人以"芳草春深满绿园"的舒心感受；造型别致的接待台、面带微笑的接待人员，让人仿佛置身于五星级宾馆的大堂，患者原本紧张、忐忑的情绪得以放松下来。建筑一、二层的公共走道和等候空间环抱中央庭院，让病患在步行、等候的过程中感受到同样的阳光和自然气息。喝一杯咖啡和信手翻阅一本时尚杂志的小憩，疲倦时望向庭院的片刻思考……再漫长的等候也显得轻松惬意起来。下沉式庭院景观是肿瘤中心的专享。屋顶绿化采用轻质草坪。立体化的绿色庭院体系让嘉会国际医院成为"花园中的医院"。

3.BIM 技术的应用

我们在嘉会国际医院采用了全阶段、全专业的 BIM 设计，贯穿从方案到施工图的各个设计阶段，并实现了 BIM 施工图出图，其中 77% 的图纸由 Revit 软件直接出图——这是在目前国内都处于比较领先地位的看点。在整个设计过程中，我们实现了"输入、建模、协调、出图"的全程配合，通过三维模型提早发现诸如管线碰撞等问题，直接在三维模型上进行专业间的协调和修改，提高了整体设计质量。

4. 人性化的体现

我们的"人性化"设计涉及面广、细致入微且贯穿整个项目。首先是基础的无障碍设计：① 在所有公共区域设无障碍通道；② 保证停车、车行路线和设施使用的各种无障碍设计；③ 在建筑内部的病患护理区内至少有 10% 的面积为无障碍区域，其中的扶手、转角走道宽度等各细部都充分考虑了残疾人看病和陪护的使用需求。

其次，我们在该医院的功能空间中采取了很多人性化的设计，例如在病房中采用温馨的木色饰面作为主色彩；在病床床头设置滑动装饰板用以隐藏医疗带，创造出温馨如家的室内环境；为超重病患设置了专门的"加大"病房和"加大"卫生间，在房间顶部加设导轨；在婴儿室采用活泼的灯饰元素；设置心理咨询诊室，为精神病患设计专门的留观室，并对室内安全监控点位的保护做了周密的设计；设置祷告室，为不同宗教信仰的病患提供精神上的抚慰。

再次，对于病患私密性的保护在我们的设计细节中得以充分体现。与国内大多数医院站立排队的窗口式挂号收费不同，嘉会国际医院的接待和收费模式更像是在银行中——采用低矮的隔断设计，病患与工作人员对面相坐，体现出医院"平等沟通"的服务理念，拉近了病患与医院工作人员的距离，同时也保护了病患的隐私。此外，病房入口处的三角形缓冲空间不但可以自然过渡到主通道，还为病患提供了一个安全的入户私密空间。

嘉会国际医院的病房标准层采用全单间设计，宽敞明亮的病房走道、舒适的病房、设施完备的卫生间，给病患提供了高品质、高格调的空间感受。室内智能灯光控制为病患提供了"诊疗""会客""阅读""休息"等多种切换模式，以满足病患不同的照明需求；提供病患个性化的餐食体验，病患可以通过 iPad 在病房直接点选；病房配置 40 英寸液晶显示器、输液支架、专用家属陪护沙发、体重仪等，其选配和布局是我们设计方与医院运营方反复讨论的结果，目的是细致入微地照护病患，给予其高品质的入住体验。

5. 特殊消防设计

由于该医院的平面具有较为"宽厚"的特点，一层中央楼梯间很难满足 30 米的防火疏散要求，我们经过多次和消防部门的沟通、探讨，将内庭院和周围的公共空间作为"安全区域"，周边通向其他功能的空间用防火墙和卷帘进行分隔。卷帘的长度小于 30%，预留甲级防火门作为疏散口。为了确保"安全区域"的安全性，我们还在外立面和顶部设置消防联动排烟窗，并和相关电动门窗厂家、幕墙专项设计顾问进行了反复沟通，在兼顾了室内设计和外立面设计美观性的基础上，确认了屋顶排烟窗和立面排烟窗的形式。

我们深入贯彻"人性化设计，科技至上，效率优先"的设计原则，使上海嘉会国际医院走出了一条"中西结合"的现代化建设之路，成功地将之打造为具有国际水准的大型综合医院，为带动上海市医疗建设的发展做出了贡献。

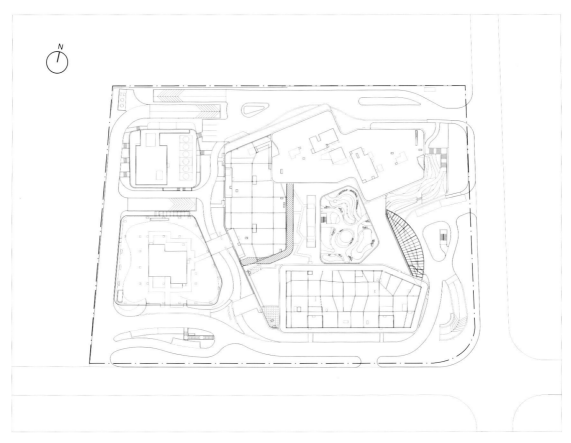

总平面图

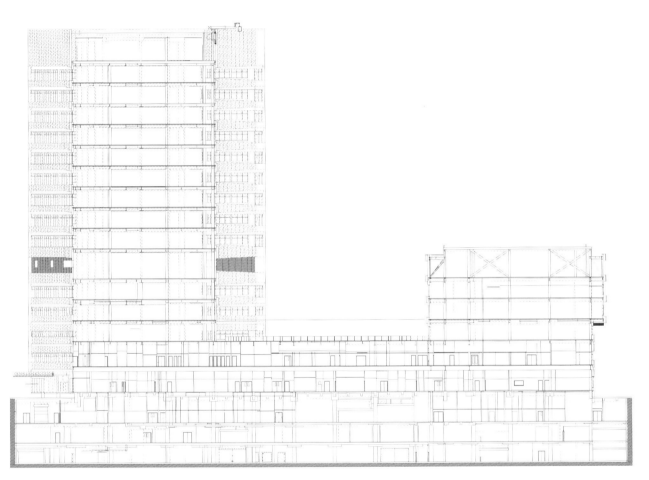

剖面图

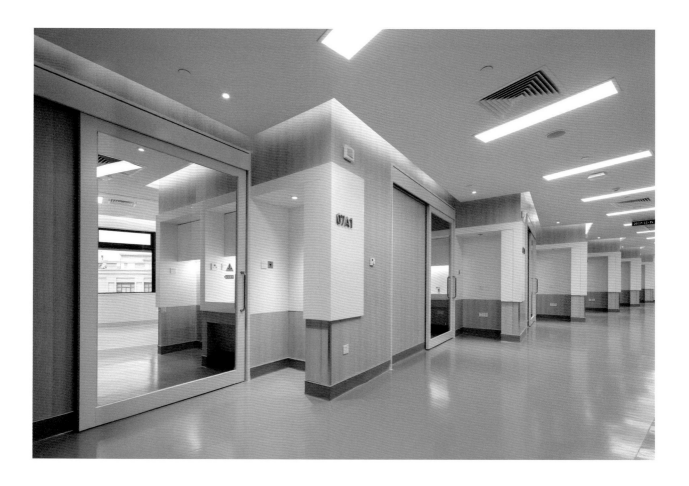

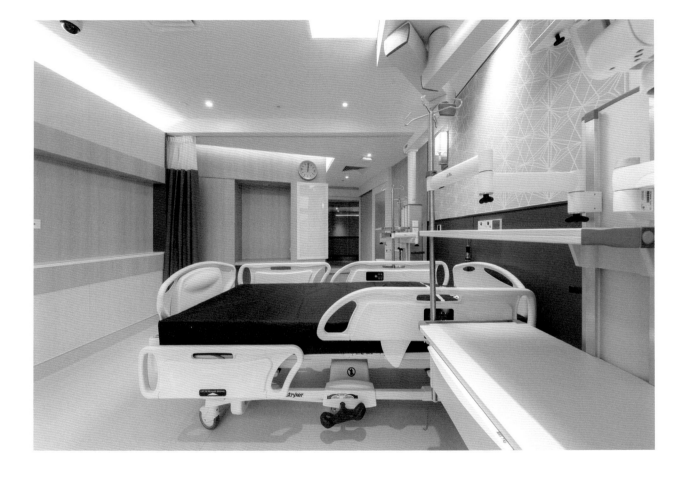

莱佛士医院

项目团队：唐茜嵘、成卓、秦淼、钱正云、李剑峰、黄怡、赵俊、胡戎、乐照林、胡洪等
合作设计单位：双迈建筑顾问有限公司（建筑方案）

立足国际视野，坚持科学创新

莱佛士医院位于浦东新区黄浦江南延伸段前滩地区 58-02 地块，基地东至桐晚路，南至规划公共绿地，距中环线北侧大约 65 米，西接 58-03 地块（现法华学问寺），北至园照路，总用地面积为 12 455.50 平方米。医院主楼 12 层（包括 3 层地下室），建筑高度不足 50 米，常设床位数为 400 张。建设场地地势平坦，毗邻规划中的前滩国际社区和滨江休闲体育公园。

该医院参照 JCI 认证标准，以新加坡莱佛士医院建设标准为基础进行设计建造和运营。科室齐全，设备先进，能够提供全面、高水准、人性化的医疗服务，是一所综合性的国际医院。医院建成后有助于吸引国内外精英人才和跨国企业入驻，进一步推动前滩地区的综合竞争力和开发能级的提升。

整个医院采用集中式的建筑布局，这有利于医院的高效运作。主体诊疗区域包括门诊部、急诊部、中心医技区与住院部，除住院部在塔楼独立成区外，其他个功能区均以一个二至四层的中庭相连通。中庭采用四层挑空设计，这种类似酒店的大堂设计增加了公共区域的视觉宽度，给病患提供了一个更加宏大、舒适的空间。医院中的每个医疗单元围绕中庭排布，使得各医疗单元区的位置更加容易辨认，交通流线更为简洁有效，增加了交通的可达性。此外，设计合理组织了不同的功能流线，满足了"洁""污"分离的要求。

建筑形体在南侧尽量展开，以使更多房间享有良好的日照条件，并最大化的享有南侧的城市规划景观。除塔楼外，其他建筑体量屋顶均设计有尺度宜人、环境优美的屋顶花园，塔楼舒展的形体直接阻挡了冬季西北风对一至六层屋顶花园的侵扰。

建筑立面通过精巧的模数化设计追求整体的协调性，规格化石材、落地玻璃和铝板的运用强调了建筑的整体感，使建筑更加沉稳而内敛。严谨的建筑外观隐喻了甲方在医疗领域不容置疑的专业水准。大面积表面光滑、色彩柔和的石材与玻璃的搭配，给病患和其他使用者以流畅、舒适的感觉，改善了普通医院冰冷的观感。

莱佛士医院的设计始终立足于高水准的国际化视野，将完善的医疗设施、先进的医疗信息系统、亲切宜人的就医环境和谐地融为一体，创造出全新的现代医疗文化。

总平面图

无锡凯宜医院

项目团队：陈国亮、汪泠红、陆行舟、陈蓉蓉、糜建国、陈尹、吴健斌、徐杰等
获奖情况：2021 年上海市优秀工程设计二等奖

聚焦区域特色，打造高水准综合医院

无锡凯宜医院是哥伦比亚投资集团在中国建造的第一家二级综合医院。医院遵循 JCI 国际医院管理标准，着力于为本地和周边地区居民提供价格合理、品质领先的医疗诊疗和保健服务。

该项目位于江苏省无锡市新吴区长江路以西、香山路以北，建设用地面积 23 895 平方米，总建筑面积 48 080 平方米，分二期建设。一期总建设面积 44 380 平方米，其中地上 28 820 平方米，地下 15 560 平方米，包括 1 栋医院主楼（地上 7 层，地下 1 层）、地下车库和相关配套用房。基地东北侧预留未来发展用地，用于建设医技用房和地下车库。

通过国际化的设计理念，我们设计打造了一个与自然环境相融合的建筑综合体，为病患提供了一个安全的治疗环境，为医生提供了一个舒适的工作环境，为城市提供一处绿色的休闲空间。

1. 规划合理的总体布局

医院主体建筑位于基地中部，我们设计将病房楼正南北向布置，裙房部分采取边界与道路平行的方式，在总体布局上更好契合城市脉络的同时，为病房楼争取最佳的日照方向，以灵活的总体平面形态自然形成基地东边完整的绿化片区。基地西南侧设置地埋式污水处理用房。

2. 科学的交通流线

我们在南侧香山路中部设置了院区主出入口，在南侧和东侧前广场设置地下车库出入口，使车辆得以快速进入地下分流。基地西南侧开设一个污物专用出口。步行人流经过南侧主入口广场进入院区。基地东侧开设人行次入口，便于未来地铁开通后病患的进入。

3. 以病患为主的理念

我们充分运用先进的信息科技，打造出个性化、互动式的就医空间，改善病患就医体验，充分满足病患及其家属的需求，实现了以最佳的临床治疗结果和医疗实践为依托的高品质医疗体建设。

4. 宜人的治愈环境

我们的设计目标在于创造一个与自然环境融合、拥有安全治疗环境的建筑体。我们通过自然光、色彩、艺术品和景观的结合，并将安全、宜人的环境和先进的科技理念整合在设计中，营造出安静、私密性强的诊疗空间。我们在紧凑的功能空间中仔细雕琢每个重要的节点，打造出了医院个性化的空间品质。

5. 现代化的设施

按照物联网医院的建设要求，医院配置有现代化、信息化的硬、软件设备，例如床头 PAD 系统、远程医疗会诊系统等。同时，医院还装备了核磁共振、CT、DSA、ABUS 等现代化医疗诊治诊断设备。

6. 高效率的运营

建筑设置贯通式中庭，组织联系了各个功能科室，同时便于病患识别路径并快速到达。各科室空间排布紧凑，主要诊断与治疗部门之间的联系是我们反复权衡的重要节点，我们设计出便捷高效的就医流线，实现了手术室、ICU 和产房等主要功能运行关系的最大化。

7. 绿色环保的技术

医院一体化设计能提高其能源效率。我们设计的用大玻璃采光的公共区域可实现自然采光的最大化；屋顶设置太阳能热水器、太阳能光伏设备，充分利用自然能源，减少了对人工能源的消耗。

独特的形象设计——柔和的曲线 + 纯净的白色铝板——充分反映了无锡凯宜医院的特色。作为一家具有高品质医疗保健水平的外资医院，在充分结合先进的国际医疗建设理念的基础上，结合未来中国发展需求，树立自身特色，为无锡新吴区在国际医院和特色医疗方面做出贡献。

总平面图

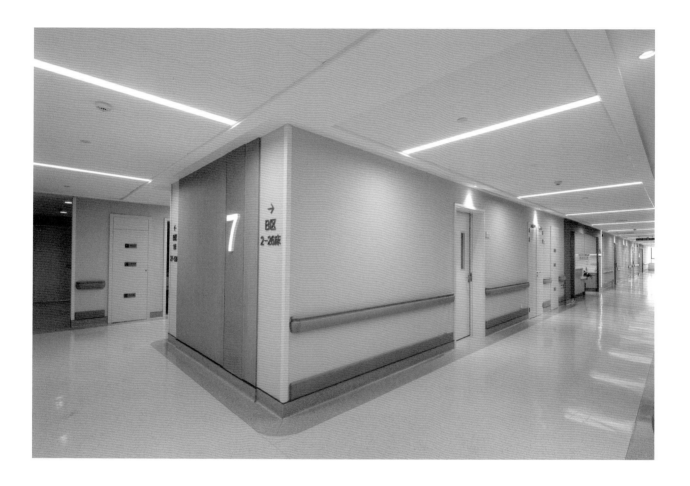

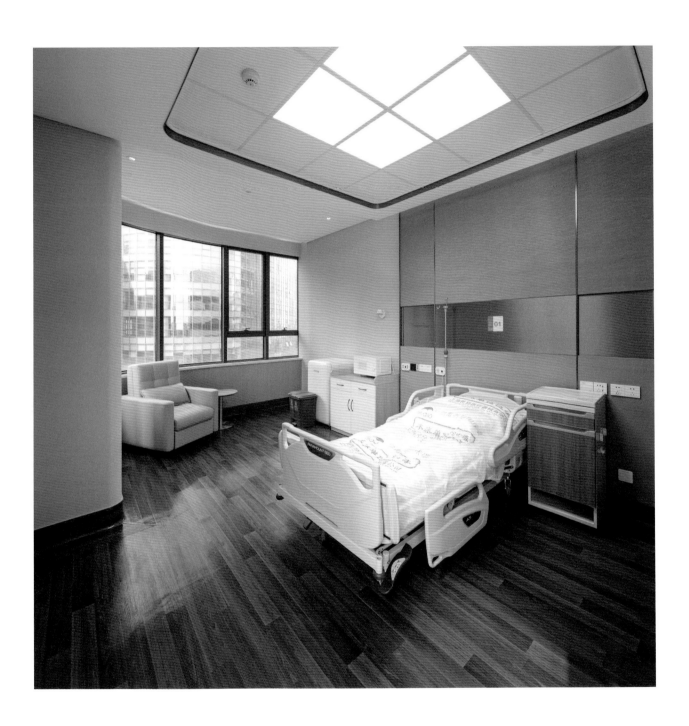

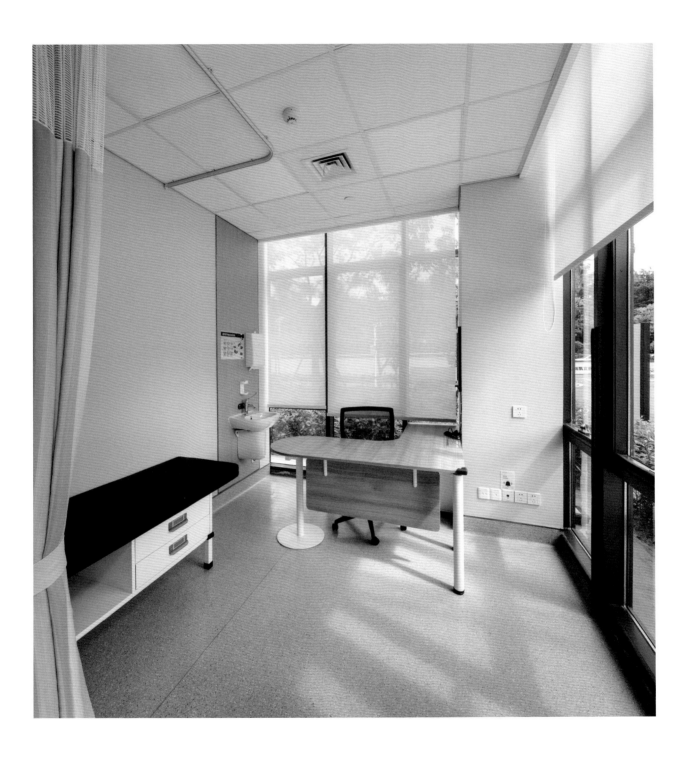

新趋势·新技术

NEW TREND, NEW TECHNOLOGY

进入 21 世纪，在娴熟掌握医院建筑功能特征的同时，我们更在医疗新趋势与新技术应用的道路上不断探索。随着中国医疗体制改革政策的持续推进，医学学科的设置变化，加之医疗技术、医疗设备的不断发展更新，以及受数字化信息技术、AI、BIM 和绿色能源等技术的发展对医院建筑的影响，现代化医院的就诊空间、就诊流程、建造模式和运营模式都在日益发生着翻天覆地的变化。如何适应变化，并探索出适合我国国情的系统化的医院建筑规划建设道路，是我们一直以来不断坚持并为之付出努力的重要课题。

在不断的探索与实践过程中，有几类医院建筑极具代表性，它们融合了最前沿的医疗领域诊疗技术与医院建筑发展模式，并通过一个个项目的锤炼，使之日益清晰起来，为日后同领域的建设提供了良好的理论与技术支持，下面就对这几种建筑类型进行逐一梳理。

医学园区

关于医学园区的定义，我们可以理解为由不同的投资主体、运营方建设的功能互补、资源共享的医疗共同体。通常医学园区的组成部分包括综合医院、特色专科医院、医技共享中心、能源供应和相关商业配套服务设施。

近年来，随着社会经济的发展和人们生活水平的提高，健康生活成为未来最大的需求，全国各地医学园区应运而生。医学园区的构建，可以将优质的医疗、研发及其相关健康产业服务资源有效聚集起来，形成医学产业发展的规模效应，促进医学资源的优化配置，为人们提供高品质的全生命周期医疗健康服务。可以说，医学园区的诞生与发展是医疗产业发展的需求，也是市场对优质医疗资源集聚效应的需求。

综合近年来国内优秀医学园区的规划建设实例，可以总结出以下医学园区建设发展的趋势。

1. 医学园区的建设要发挥片区规划、产业资源集聚的优势

在前期片区规划层面，要以医学园区作为创新驱动，瞄准全球前沿医疗技术，

面向未来医疗，与生物健康产业协同发展是关键。例如位于天府国际生物城东南部的成都天府国际生物城国际医疗中心启动区，规划用地范围约 80 公顷，周边汇聚了四川省妇幼保健院、P3 实验室、绿叶医疗、成都京东方医院、医美小镇等医疗健康资源。该项目发挥医疗片区联动效应，以国际医疗中心结合信息医学、移动医学等先进医疗服务模式，打造集医、教、研于一体，以肿瘤、儿科、心血管、骨科为特色的三级综合旗舰医院。

2. 整合优势的"集约化"发展理念

医学园区的建设提倡社会办医与政府投资相结合，纳入学科错位的高水准医疗机构，以强强联手、优势互补来构建可持续健康发展的医联体。例如上海新虹桥国际医学园区，初期首先引进了以脑科为优势的复旦大学附属华山医院西院，该医院是园区内唯一一家公立医疗机构，是驱动园区发挥集聚效应的引擎；之后园区先后吸纳了上海泰和诚肿瘤医院、上海览海西南骨科医院、上海百汇医院、上海万科儿童医院等优质国内外民营资本专科医院入驻，发挥各自专科诊疗的优势。

3. 资源共享——建立医院、园区双赢模式

（1）能源共用

医学园区区域内能源需求量大、种类多，热、电、冷负荷波动大，建议在园区规划初期就集中设置区域能源中心以及污水处理。例如上海新虹桥国际医学园区就有针对性地建设天然气能源中心，以满足园区内各用户对热、电、冷负荷的部分需求，使得清洁能源和绿色建筑得到良好融合，不但有利于医学园区能源的综合利用，更能加快实现上海"国际性、低碳、环保"的建设进程。园区的能源中心采用冷、热、电三联供能系统。园区污水处理系统可实现共享，将各家医疗机构的污水通过统一的管网进行收集和集中处理，最终排向市政管网。

（2）医疗共享

医疗共享包括后勤服务共享以及医疗服务共享两个方面。后勤服务共享主要体现在园区集中设置中央消毒供应、检验病理、药库等后勤支持，通过现代化的物流系统，包括气动物流、箱式物流、自走车等，串联全区的各个医疗机构，为园区内各家医疗机构的日常运维提供服务与支持。

医疗服务共享主要体现在直接服务于病患的诊疗资源，例如高精尖端大型医技设备等的共享，园区内一些民营投资的小型专科医院将从中获益，得到高精尖端医技诊疗设施强有力的支持。在成都天府国际生物城国际医疗中心启动区的规划中，南片区中心位置设置医技共享生态核，生态核如同中心的心脏，

为南区的小型特色专科医院提供高新医疗支持，发挥了医疗资源集约利用的优势。同时园区规划结合此处的生态景观配置一栋高端商住楼，使之成为一个集医疗功能、居住功能与生态景观于一体的复合中心。这促使商业配套服务的共享成为医学园区规划功能混合和多元发展的趋势。

（3）智慧共建，数字共享

医学园区的建设离不开智能化、信息化的手段，需要整体考虑、统一规划，为园区内不同使用部门、信息化建设部门和各大运营商提供足够的容量，避免重复建设。通过采用现代智能化集成管理技术，即互联网络技术、自动化控制技术、数字化技术，进行精密设计、优化组合，精心建设医疗中心信息化系统，提高中心高新技术的含量，满足园区办公、管理和服务的数字化技术应用要求。

4.构建立体化医学园区

医学园区作为聚集多家医疗机构的组群，需要系统、整体、合理的交通组织以及"洁""污"流线规划，因此引入立体化分层的设计理念是大势所趋。分层组织市政交通、园区内部物资供应、污物回收、病患医护和公共活动等流线，在确保园区各医疗机构合理运作的同时，为患者塑造生态有机且个性化的公共活动空间，能够激发整个园区的健康与活力。

医学园区的建设目标在于打造国家一流医疗平台、全球生物产业平台、前沿医学创新平台和国际医学教育平台，这需要我们这些医院建筑设计及建设者的不懈探索和努力。

研究型医院

研究型医院是以新的医学知识和新的医疗技术的产生与传播为使命，坚持临床与基础医学研究并举，在自主创新中不断催生高精尖技术、高层次人才和高水平成果，推动临床诊疗水平和疑难杂症诊疗技术持续提高，为医疗卫生事业和人类健康做出重要贡献的现代化一流医院。

2003年，上海交通大学医学院附属瑞金医院的姜昌斌等人在《中华医学科研管理杂志》发表的"科教兴院创办研究型医院"一文中首次提出了"研究型医院"的概念，时至今日，建设研究型医院已经被国家多个部门联合确定为国家指导医院未来发展的重大战略，创建研究型医院是一个宏伟的目标，是一个长期繁复的系统工程，也是医疗体制深化改革的内在要求和必经之路。

生命科学的不断进步和医学模式的逐步转变为疾病的诊疗和健康的维护带来了全新的模式，传统医学的发展模式已远远不能满足现代医学科技的发展速度，转变医院发展方式迫在眉睫，创建研究型医院才能适应现代临床医学科学发展的内在要求，而随着基因科学、精准治疗、大数据分析等科学技术的发展，临床研究对临床治疗的支持愈加明显。

在医疗规划上，研究型医院应结合自身条件，加强急危重症和疑难杂症的诊疗水平，推进高精尖医疗科研发展，重视科研和教育，以科研带动临床，加强基础研究向临床应用转化。

在功能设置上，研究型医院应注重临床医疗、科研、教学三方面的集约化设计，通过对其使用功能和交通功能重叠部分的研究探索，找到新的空间设计方法，以最大程度缩短研究人员和医护人员的行动路线，促进科研、教学与临床诊疗间的相互交流。

研究型医院既是一种医院管理的创新理论，也是一种医院发展的新型模式，值得积极探索与实践。建设研究型医院是实现医院从规模发展转向质量提升的重要途径，也是现代医疗环境下寻求进一步发展所必须采取的重要举措。

质子重离子医院

质子重离子治疗是目前最先进的肿瘤放射治疗手段之一，这类粒子借助其独特的布拉格峰特性，可以在保证对肿瘤部位产生高剂量效果的同时，有效减少对周围组织的破坏，降低不良反应。

随着医疗技术的进步，质子重离子放射治疗发展迅猛，掀起质子医院建设高潮。国内自 2004 年首次引进医用质子加速器开始临床治疗后，至今已有十余家医疗机构获得了国家质子重离子放射治疗的许可。

与此同时，中国科学家团队也在积极开展医用质子、重离子自主研发设计，使中国成为继美国、德国、日本之后又一个拥有质子、重离子治癌技术的国家。在肿瘤多学科综合治疗理念的推动下，质子治疗设备越来越多地与传统放疗设备、放射检查共同设置，打造具有一定规模的多部门联合、诊断与治疗相结合的肿瘤放疗中心，这也对质子重离子医院的建设提出了更高的要求。

质子重离子医院的特殊性在于其复杂严密的工艺需求和所服务的特定人群，因此在项目中更要合理规划总体布局，关注功能性、安全性和人性化设计，保证建筑空间与设施在满足精密医疗设备安全运行的同时，给肿瘤病患提供一个舒适放松的就诊环境。

总体设计上，需要根据质子重离子设备的类型和数量，预留合适的位置和布局，减少与其他医疗区域之间的相互影响；需要提前考虑设备运输方案，确保方案可行性。严格遵照设备的场地文件进行设计，在预留好土建空间的同时，根据功能需求完善空调通风、工艺冷却水、装置低压配电系统等的设计。

安全性是质子重离子医院建设的重中之重，包括严格控制结构的不均匀沉降和微振动，确保治疗的精准定位；借助 BIM 技术，在有限空间内高效有序地对各类管线进行综合排布；通过辐射屏蔽系统、辐射安全连锁系统和辐射监测系统来提高整体安全系数。

　　面对肿瘤病患，我们更希望营造一个温暖舒适、绿色阳光的人性化诊疗空间，形成一个积极健康的心理暗示，来舒缓病患的紧张情绪。由于质子重离子治疗设备多设置于地下室，通过下沉庭院、采光天窗等方式，可以引入自然采光与通风，渗透外部景观，有效拉近与室外的距离，弱化地下空间的封闭感，结合温暖淡雅的室内色彩和柔软灵活的家具布置，从环境心理学的角度营造轻松的空间氛围。

2.1 医学园区的开发模式与技术总控

THE DEVELOPMENT MODEL AND TECHNOLOGY MASTER CONTROL OF
MEDICAL PARK

案例

上海新虹桥国际医学园区

复旦大学附属华山医院临床医学中心

上海泰和诚肿瘤医院

上海览海西南骨科医院

上海万科儿童医院

上海新虹桥国际医学园区

导则统领，规划先行

上海市医疗资源布局

上海作为国家中心城市之一、长江经济带的"龙头"，拥有实力雄厚的医疗卫生体系。早在 2008 年，上海市就已经初步实现了基本医疗的大面积覆盖，并且尝试设立特需门诊和特色病房服务，开放外资医院和民营医院，促进多层次、多样化的医疗服务体系发展。

2009 年，上海市政府启动了"5+3+1"工程项目，目的是使上海市的城乡医疗资源布局更加均衡。由上海申康医院发展中心主导编制的《郊区新建三级综合医院建设标准》旨在探索一条快捷、高效的设计途径来建造适合群众需要的基础医疗设施。

随后，上海市政府规划设立了两大国际医学园区，即"上海国际医学园区"和"新虹桥国际医学园区"（又称"新虹桥国际医学中心"），以期打造科技领先、环境优美、生态和谐的现代化医学科学城，进一步推动医疗健康产业加速发展。下面仅就我们参与设计的新虹桥国际医学园区的建设进行详述。

新虹桥国际医学园区的设立

新虹桥国际医学园区是由政府主导、国内外著名医疗管理机构管理运营的医疗设施及其相关产业集群，它将引导社会资本发展医疗卫生事业，满足人民群众多层次、多元化的医疗卫生服务需求，建立开放的市场机制，促进各类医疗机构服务效率和服务质量的提高。

新虹桥国际医学园区的建设地点位于虹桥商务区的西部，基地东至联友路，南至北青公路，西至纪谭路，北至周泾港。规划总用地面积约为 42.38 公顷。

新虹桥国际医学园区旨在发展优质医疗服务，重点发展神经、消化、整形、心血管、血液、妇产、儿科、微创手术等学科。该医学园区共设置 1 个综合支持平台，2 所综合医院，20 所专科医疗机构，若干以合伙制为主要模式的特色专科诊所，形成了"1+2+20+X"的布局形态。

新虹桥国际医学园区设计导则的编制

1. 设计导则的编制目的

上海建筑设计研究院有限公司作为主要编制单位，于 2013 年编制完成了《上海新虹桥国际医学中心入驻园区医疗机构建筑规划设计导则》（以下简称"导则"）。《导则》的编制目的在于促进新虹桥国际医学园区的建设，有效地贯彻《上海新虹桥国际医学中心控制性详细规划》中的各项规划要求，增强新虹桥国际医学园区建筑之间、建筑与公共空间之间的协调度，确保新虹桥国际医学园区各个组成部分能够成为资源共享、优势互补的统一体。

《导则》汇总、整理了各项规划规定和各专项研究报告，形成了一份提纲挈领的总体技术文件，以方便园区建设过程中各个地块和建筑间的协调运作，更为未来入驻的医疗机构提供了一份概括性的总体文件，方便其了解地块内基础设施、管网系统和周边建筑的情况，指导其充分贯彻新虹桥国际医学园区总体设计理念，有针对性地进行医院建筑的规划和设计。

2. 设计导则的编制内容

《导则》对新虹桥国际医学园区的发展定位、总体设计、配套设施、环境保护、医疗安全五个方面进行了详细论述，最终形成分地块设计导则，从而对园区内各地块建筑设计进行指导。

《导则》对新虹桥国际医学园区在医疗服务、医学研究、医技装备等三个方面进行了统一规划，以实现医技设备、药品配送、实验室中心、公共服务、后勤保障、实验平台等设施的集中设置和资源共享。其中主要共享的内容有医技中心、能源中心和污水处理等。

医技中心设置在新虹桥国际医学园区的核心位置，为该园区内各医疗机构提供标准化、集约化的高质量医技服务和商业资源的共享。医技中心地下二层为该园区的物流枢纽，设置药剂仓库、消毒供应中心、清洁和污物装卸货平台、物业管理和停车；医技中心一层设置大厅、餐饮、商业等功能；其余各层设置影像中心、检验中心、病理中心和高端诊所等。

能源中心在新虹桥国际医学园区单独设置，采用冷热电三联供的供能系统，为地块建筑提供空调冷水、空调热水、生活热水和应急备用电源。

污水处理站在新虹桥国际医学园区北区集中设置，将各个医疗机构的污水通过统一管网集中收集和处理，最终排向市政污水管网，以满足城市环保的要求。

新虹桥国际医学园区将建设"绿色、生态、低碳"的经济实践区为目标，贯彻低碳节能的设计理念，综合利用能源，以"能源利用洁净化、高效化，生态环境可持续化，建筑技术低碳化，园区管理信息化"为"五项原则"，打造生态、绿色的园区。

《导则》要求新虹桥国际医学园区内实现立体化的交通方式，从地下、地面、空中三个层面合理组织和联系各个功能单体，以促进该医学园区高效、有序地运作。

《导则》明确指出，新虹桥国际医学园区是基础医疗和高端医疗优化组合的载体。园区北侧国际医院和专科医院的目标客户群将按照国内高收入人群、在华常驻高端人群、海外华人、其他国际旅游医疗群体的顺序逐步拓展；园区南侧的复旦大学附属华山医院临床医学中心则为主要服务于普通人群的基本医疗机构。

上海新虹桥国际医学园区的设计

1. 园区发展优势

2009 年，上海市政府批准建设"虹桥商务区"，这是推进上海"四个中心"建设、加快与长三角区域一体化发展的重大战略部署。新虹桥国际医学园区地处虹桥商务区中的西区，闵行华漕板块，临近空港和高速公路，依托虹桥交通枢纽。该医学园区与虹桥商务区内会展、旅游、贸易等产业的紧密融合为构筑起高端医疗服务的完整产业链提供了有效支撑。华漕镇内聚集了大量的境外常住人口和高收入的本地居民，拥有充足的高端医疗需求，且镇内宝贵的土地储备也为新虹桥国际医学园区的建立提供了良好的基础条件。

随着上海经济的快速发展和国际化程度的提高，国内外知名医疗机构到上海寻求发展的意愿日益增强，新虹桥国际医学园区的高端定位可以为其充分发挥品牌优势和高水准的临床及医院管理水平提供良好的平台。

新虹桥国际医学园区比邻罗家港，有着优越的景观优势。我们在中心控制性详细规划中，临近河流设置了商业办公用地，将其作为长期看护设施和商业配套使用，从而提升了这一区域作为旅游医疗中心的环境品质和吸引力。在未来整个园区的建设和单栋建筑的设计中都可充分考虑建筑与河流的关系和对水系景观的运用。

2. 园区总体定位

（1）政府主导，部市合作

新虹桥国际医学园区作为国家卫生健康委员会和上海市政府的"部市合作"项目，按照国家医药卫生改革的要求，引导社会资本发展医疗卫生事业，满足人民群众多层次、多元化的医疗卫生服务需求，建立开放的市场机制，促进各类医疗机构效率和服务质量的提高。

（2）产业集聚

新虹桥国际医学园区将构建"高端医疗服务产业集聚区"，引进综合性国际医疗集团，并与国际医疗保险集团合作，借鉴先进的服务理念、管理模式和实践经验，着重发展某些专科领域，使某些专科领域，如癌症、神经科学、骨科、普通外科、心脏科等的技术实力达到亚洲领先水平，力争成为医疗技术和服务水平处于"国内顶尖、亚洲一流、国际水准"的综合性国际医学中心。

（3）展示销售

新虹桥国际医学园区将利用上海建设国际贸易中心的契机和虹桥商务区贸易平台的优势大力推进国际医疗设备器械展示销售，并积极吸引国际医疗组织和著名医疗设备厂商总部入驻，逐步发展国际医疗旅游、健康体检、健康培训与咨询、美容整形、康复护理、保健养生、医疗器械交易等配套服务。

（4）资源共享

按照《导则》要求，主抓医技中心、能源中心和污水处理的规划设计和建设，实现以三者为中心的资源共享：建设医疗技术中心为园区内的各医疗机构提供集约化和标准化的高质量服务；建设能源中心为园区内的各医疗机构提供电力、天然气等各种能源；建设集中污水处理系统将各家医疗机构的污水通过统一处理后排入市政管网。

（5）绿色、生态、低碳

新虹桥国际医学园区以建设"绿色、生态、低碳"经济实践区作为目标，在建筑设计上引入低碳设计理念，打造实施建筑节能、能源综合利用、交通节能以及绿化和生态环境优美的新型、宜人的综合医疗园区。

（6）分期建设

新虹桥国际医学园区按照"一次规划、分期实施"的原则进行建设，共分三期。一期开发建设的部分依次为：共享功能区、市政设施功能区、复旦大学附属华山医院临床医学中心。二期开发建设的部分依次为：上海泰和诚肿瘤医院临床医学中心、基地东侧国际医院和专科医院。三期开发建设的部分依次为：基地西侧览海西南骨科医院、长期看护设施和商业设施。此外，对复旦大学附属华山医院临床医学中心、上海泰和诚肿瘤医院临床医学中心，以及国际医院都分别预留一定的发展用地，作为其远期功能拓展的空间。

3.园区总体设计

（1）地块划分

我们对该医学园区规划用地的布局可分为"四个功能区"和"四条景观带"。"四个功能区"为共享功能及行政管理功能区、市政功能区、医疗功能区、长期看护及商业功能区。共享功能及行政管理功能区位于新虹桥国际医学园区的中部，是医学园区的功能核心，主要包括物流、药物配送、实验室、医技部及商业服务等功能，能在园区中便利地进行资源的协同与共享；市政设施功能区位于联友路西侧，闵北路以南；医疗功能区围绕共享功能及行政管理功能区设置，方便与核心共享区连通；长期看护及商业功能区位于闵北路北部，为新虹桥国际医学园区提供住院病患以外的辅助看护、家属探望及其商业配套服务。

"四条景观带"为沿联友路、北青公路和纪谭路形成的三条道路绿化景观带，以及沿罗家港形成的滨水景观带。

（2）空间使用

在功能分区的基础上，我们力求塑造布局紧凑的医学园区，以促进土地资源的集约化利用和高效有序的园区运作。以医疗技术中心为核心，合理布局国际医院、专科医院和国内综合医院及其配套服务设施，充分体现"资源共享"的理念。

（3）交通组织

我们从地下、地面、空中三个层面实现了新虹桥国际医学园区的立体化交通设计和建设。医疗技术中心与肿瘤医院临床医学中心、华山医院临床医学中心之间设置地下二层连接通道，保证前者对后二者的必要供给；各地块功能区在地下一层相互连通，而医疗技术中心的地下一层与规划地下道路相连通，以方便物流的出入；地面层是主要的人流、车流活动区域，我们有序组织了各类门诊、住院、急诊流线；空中连廊使各家医疗机构和医技中心相连通，连廊加设顶盖，可满足人员的全天候通行，以此减轻地面的交通压力，促进了各功能区块间的健康运作。

（4）建筑外形

我们本着全力打造"建筑风格统一而多样"的现代医学园区的目标围绕以下三个要点展开设计：首先，要让整个园区成为一个独特的城市地标；其次，要建立可以作为国内具有示范意义的先进医疗系统；再次，要建立可持续发展的绿色医疗区域。据此，建筑设计应体现出独特、先进、高技、绿色、可持续的特点，同时应满足整个园区建筑集群的整体性设计原则，从而达到和谐统一又各具特色的设计目标。

上海新虹桥国际医学园区的构建可以将优质的医疗、研发及其相关健康产业服务资源有效聚集起来，形成医学产业发展的规模效应，促进医学资源的优化配置，为人们提供高品质的全生命周期医疗健康服务。对于上海新虹桥国际医学园区的建设探索为我们今后在国内相关领域的建设实践积累了经验、铺平了道路。

下文将分别介绍位于上海新虹桥国际医学园区内部的复旦大学附属华山医院临床医学中心、上海泰和诚肿瘤医院、上海览海西南骨科医院，以及上海万科儿童医院四个项目。这四个项目不但作为园区内医院建筑的代表各司其职，更得益于园区综合、共享的统领特性而相互协作，和谐互补，对这些重点项目的研究与探讨可以为今后医学园区的建设提供良好的支持与参考。

第二章　结语　　239
CHAPTER TWO　CONCLUSIONS

Central Freeway over Octavia Street.
奥克塔维亚大街上的中心高速

力反对改造方案，并呼吁采纳在水平路面解决通往西部日落区和里士满区的大量车流的方案。而中心高速的残留路段（其中部分路段在地震后不久倒塌）是传统的高架结构，临近周边建筑且较为喧嚣；高架部分的底部街道和路口十分昏暗，并将海耶斯谷（Hayes Valley）分为 5 块。生活在高速公路附近的居民，或确切来说生活在其阴影下的居民会更加了解那里的混乱，那里甚至可以看到在斜坡附近的街区建造住宅。20 世纪 90 年代完成的交通研究表明，如果去除海耶斯谷内的高速公路，那么路经这一区域通往城市主干道 —— 市场大道（Market Street）南侧区域的车辆便不会再无故拖延。但是 1997 年一项支持越过市场大道重建中心高

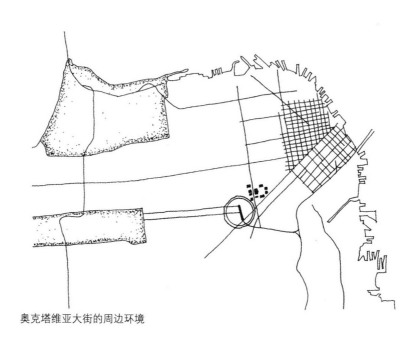

奥克塔维亚大街的周边环境

速的投票却最终得以通过。但决议很快在来年支持临近街区建造水平路面林荫大道的第二次投票中被废除。不过，该林荫大道最终不了了之。

同一年，在得到选民的授权后，笔者与旧金山公路工程局的人员设计了奥克塔维亚大街（Octavia Boulevard）。设计完全按照人们对杰出的复合型林荫大道的期许进行——在合理地调度承载大流量的车行交通通过海耶斯谷的同时满足出入临近建筑的日常需求，并保障慢速车辆、行人和骑自行车的人的安全。大街的路权宽度约为 123 英尺，远远小于它将取代的高速公路所占据的空间。而节省的空间可以用于以居住为主的新业态，不过建筑需面向街道——这是设计中的重要一环。

设计依据大街西侧边缘供居民出入的现有人行道展开。这条 15 英尺宽的步行道上将新种植一批树木以弥补街道现有树木的严重不足。接着便是 18 英尺宽的狭窄辅道，辅道设有 1 条车道和 1 排停车位。再有是 9 英尺宽的分隔带，其中种有间隔 20 英尺的英国梧桐并设有新的路灯、长椅和花丛。骑车人将使用辅道。中心区域的主干道供快速过境交通行驶，双向四车道，中心分隔带中则种有成组的箭杆杨。街道两侧行人区域中的分隔带、辅道以及人行道，格局基本一致。

从本质来讲，这是一个很简单的设计。这条林荫大道只穿越了市场大道和菲街（Fell Street）之间的 4 个街区。由于其中的两处十字路口的相交街道为单行道，因此路口的交通组织方式相对简单。4 条次要的相交街道形成了 4 个丁字路口，相交街道止于辅道，简化了它们与林荫大道的整合。大道如何结束并融入旧金山的网格型街道体系的难题被轻松地解决了：设计试验性地放置了一个名为"海耶

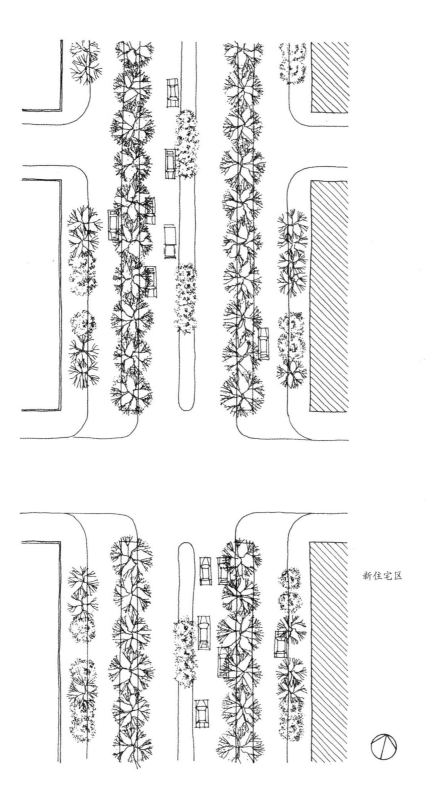

新住宅区

奥克塔维亚大街：平面

大致比例：1 英寸 = 50 英尺或 1：600

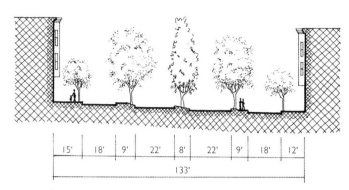

奥克塔维亚大街：剖面

大致比例：1 英寸 = 50 英尺或 1:600

斯绿地"（Hayes Green）的公园，它长达一个街区且代替了原来的中心主干道。这将作为场地曾是高速公路的城市记忆。

在林荫大道的设计过程中，设计团队内部并非毫无矛盾。可以想见，城市设计师和市政工程师并非始终看法一致，但他们会彼此聆听对方的建议。存有争议的点通常恰恰如人们所预期：辅道的宽度、街角的转弯半径、斑马线的位置、街角树木的位置、种植密度与停车计时器的关系以及可允许的车辆转弯。实际案例通常是解决问题的关键，即特殊情况在不影响安全和功能下能行得通。尽管存有不同观点，但设计参与人员仍会同意参加市民讨论会议，不过在会议中他们可能会停止讨论。最终形成了两个不同的设计方案供选择，其中一个方案是侧边辅道直接与相交道路相连，另一个方案则是将路口附近的分隔带断开[5]。城市设计师和市民团体都更倾向于前一个方案。

旧金山是一座充满活力的城市。1999 年，支持建造高速公路的势力团体采取了一项措施：投票表决是否重建高速公路。这遭到了反高速公路人士的抵制，他们采取了另一项支持林荫大道的措施。不过，这一次人们有了可供参考的相关图像和设计。而他们最终选择了建造复合型林荫大道！

Access Road and Median design for Octaeria Boulevard
(from a drawing by Norman Kenley)

奥克塔维亚大街的辅道和分隔带设计

这是否能明确表明我们的工作取得了成功呢？毕竟奥克塔维亚大街如今已经完成，或至少已经在建。然而，实际情况并非如此。加州交通局的高速公路部门的相关人员必须先拆除那令人生厌的高速公路，并将其残留部分一直延伸至海耶斯谷南侧的街区。这并不意味着他们先前的工作是失败的。实际上，并没有所谓的失败者。他们的工作是林荫大道建造前的必经环节，他们也没有更好的选择。但这终究意味着进步，而且进步会一直发生。

林荫大道——伟大的街道 | Boulevards Are Great Streets

经过精心设计、精良施工、精细维护的林荫大道显然位居伟大街道之列。它们既雄伟壮阔又充满生活气息，因而引人遐想。它们是对城市力量与魔力的完美赞曲。而从最初作为独裁者专制统治的见证直到如今，它经历了漫长的岁月洗礼，最终铅华洗尽，散发出夺目光芒。

以奇科市的滨海大道、巴塞罗那的格拉西亚大道以及布鲁克林的海洋公园大道为代表的林荫大道，既赋予城市以磅礴的气势，也为周边居民提供了宜人的日常生活场所。它们在过境交通的行驶（来自城市的需求）与机动车辆、行人的可达（来自所在街区的需求）之间达到了独特的平衡，并因此成为人们喜爱的日常生活场所。

在如今日益多元化且通常支离破碎的美国城市中，建造林荫大道是否可行还有待时间的检验。由于其自身的地理位置重要且扮演角色众多，林荫大道上各类人群众多。因此，将其他类型的街道改造为林荫大道或是对现有的林荫大道进行有效改造，需要在许多不同的市级、州级甚至联邦一级的机构之间进行协调。而相关的改造也会涉及许多市民的切身利益——周边的居民以及平日里经常路经于此的市民的生活都会随之受到影响。如今的城市，通常缺少强力的、统一的政治领导，因此复合型林荫大道必须在其推广或改造中得到有发言权的群众的认可和接受。但这并不是一项简单的议题。

参与的市民和专家也会不时强调，建造新林荫大道或是改造原有林荫大道之路困难重重，而坚定的信念则是克服重重障碍的必备品质。改革的推动可以来自不同的层面，依据具体情况而定。它既可以来自政治层面的市长或市委会，也可以来自专业层面的城市管理人员，抑或是来自企业的推动，即由开发者或财团做沿街开发。

推动林荫大道取得进展的关键在于消除各类人群的顾忌，令消防部门、专业人士、市政部门以及其他使用人员明白复合型林荫大道的特点即在于能在不同的使用需求间达到平衡。尽管它或许无法同时满足所有人的设想，但相比如今只满足机动车辆快速通行的城市主干道，至少前进了很大一步。我们在此希望，这些工作有助于使这类街道成为伟大的街道。因为复合型林荫大道的确具备这一潜质。

注解
NOTES

导言

1. We are advised by officials in Chico that a poll is regularly held to ascertain what residents regard as the best street in town and that The Esplanade comes out on top.

2. François Loyer, *Paris in the Nineteenth Century: Architecture and Urbanism,* trans. Charles L. Clark (New York: Abbeyville Press, 1988), 121.

3. See Mark H. Rose, *Interstate: Express Highway Politics, 1941–1956* (Lawrence: Regents Press of Kansas, 1978), 85–94. For a discussion of highway development financed by tolls and (in California) sales taxes before the 1956 Federal Highway Act and its emphasis on freeway construction, see also John B. Rae, *The Road and the Car in American Life* (Cambridge, Mass.: MIT Press, 1971), 170–94.

4. Allan B. Jacobs, *Great Streets* (Cambridge, Mass.: MIT Press, 1993).

5. See, for example, Allan B. Jacobs, E. Macdonald, D. Marsh, and C. Wilson, *The Uses and Reuses of Major Urban Arterials: A Study of Recycling, Revitalizing, and Restructuring "Gray Area" Transportation Corridors* (Berkeley: Institute of Urban and Regional Development, University of California, Berkeley, 1997).

第一部分，第一章

1. In 1995 a complete reconstruction of Avenue des Champs Elysées was concluded, one marked by the complete elimination of the side access roads. The new design is very elegant—a second row of trees on each side, new paving, new street furniture, underground parking—but the street is no longer a multiway boulevard.

2. Of the Paris multiway boulevards, only Avenue Foch is wider. It is not presented here because its wide medians, at approximately 100 feet, so completely separate side access roads from central traffic lanes that it feels like three separate streets rather than a single, unified avenue. Essentially, it is a different type of street altogether.

3. City of Paris map of traffic counts, 1986.

4. This is the street form illustrated in Adolphe Alphand's book, *Les Promenades de Paris* (reprint, Princeton, N.J.: Architectural Press, 1984).

5. Avenue Montaigne is also described in Allan Jacobs, *Great Streets* (Cambridge, Mass.: MIT Press, 1993).

6. Jacques Hillairet, *Dictionaire Historique des Rues de Paris,* vol. 2 (Paris: Editions de Minuit, 1985), 139.

7. Counts taken between 11:00 A.M. and 12:30 P.M., 28 March 1994.

8. Counts taken between 12:30 and 1:30 P.M., 28 March 1994.

9. Counts taken between 3 and 5 P.M., 29 March 1994; morning counts, taken between 10:30 and 11:45 A.M., were similar. In 1986 daily traffic on Avenue Marceau was 29,300, according the City of Paris map of traffic counts.

第一部分，第二章

1. Speeds measured at approximately 5:00 P.M., 31 March 1994.

2. Counts taken between 5:00 and 7:30 P.M., 4 April 1994.

3. Counts taken between 5:00 and 7:30 P.M., 4 April 1994.

4. Counts taken between 5:00 and 7:30 P.M., 4 April 1994.

5. Speeds measured at approximately 5:00 P.M., 31 March 1994, averaged 38 kilometers per hour on the access road and 55 kilometers per hour in the center lanes. Traffic counts were taken between 11:00 A.M. and 12:00 noon, 2 April 1994.

第一部分，第三章

1. See Robert Caro, *The Power Broker: Robert Moses and the Fall of New York* (New York: Alfred A. Knopf, 1974).

2. Surveys of residents were conducted as part of the research described in Peter Bosselmann and Elizabeth Macdonald, "Livable Streets Revisited," *Journal of the American Planning Association* 65 (1999):168–80.

3. Ibid.

4. These vehicle volumes are based on traffic counts taken on Ocean Parkway between 10:00 A.M. and 12:00 noon, 26 July 1994, and on Eastern Parkway between 2:30 and 4:30 P.M., 26 July 1994.

5. Donald Appleyard and Mark Lintell, "The Environmental Quality of City Streets: The Residents' Viewpoint," *Journal of the American Institute of Planners* 38 (1972): 89–101.

6. Bosselmann and Macdonald, "Livable Streets Revisited."

第一部分，第四章

1. For the history of the Grand Concourse by the engineer who designed it, see Louis A. Risse, "The True History of the Conception and Planning of the Grand Boulevard and Concourse in the Bronx" ([pamphlet] 1902).

2. Counts were taken between 3:00 and 4:00 P.M. on 25 July 1994.

3. New York City Department of Transportation, "Grand Concourse Traffic Safety Study," draft, December 1992.

4. The figure of 864 pedestrians per hour is derived from counts taken between 4:30 and 5:30 P.M. on 25 July 1994.

第一部分，第五章

1. The blocks of downtown Chico are typically 260 feet square—small in scale compared to those in most U.S. cities. The Portland, Oregon, grid, has blocks that are 200 feet square, as small as any found in major American cities. Downtown San Francisco blocks are often about 275 by 400 feet. Downtown Chico, then, may be characterized as both urban and pedestrian in scale. Block sizes of streets on both sides of The Esplanade are approximately 400 by 360 feet—also not large by U.S. standards.

2. These historical facts derive from conversations with local planners and traffic engineers and from historical photographs, newspapers, and journal articles in the Chico Public Library.

3. Speeds were measured at approximately 5:00 P.M., 19 August 1994.

4. For example at First Avenue, average northbound volumes of 896 vehicles per hour in the center and 20 in the access road were counted during the same period. An average southbound hourly volume of 844 was counted in the center, while only 24 vehicles moved on the access road. Counts were taken between 3:00 and 5:30 P.M., 19 August 1994.

5. Openings occur with some regularity as cars in the center travel in "platoons," having been stopped at the preceding light-controlled intersection.

6. In 1991, The Esplanade had an average daily traffic count (ADT) of 24,800, compared with 22,233 for Mangrove Street (City of Chico, Central Services Department of Engineering).

7. Accident data from City of Chico, Central Services Department of Engineering.

第二部分

1. See Spiro Kostof, *The City Assembled: The Elements of Urban Form through History* (Boston: Bulfinch Press, 1982); and Mark Girouard, *Cities and People: A Social and Architectural History* (New Haven: Yale University Press, 1985).

2. See Henry W. Lawrence, "Origins of the Tree-Lined Boulevard," *Geographical Review* 78 (1988): 355–74, for a wonderfully detailed analysis of the landscape-form precedents of boulevards.

3. Girouard, *Cities and People,* 176.

4. Ibid., 177.

5. A marvelous little book called *Les Grands Boulevards,* published by the Musée Carnavalet in 1985, reprints both early engravings of the boulevards and texts of police ordinances.

6. See Spiro Kostof, *The City Shaped: Urban Patterns and Meanings through History* (Boston: Little Brown, 1991).

7. A book called *Les Promenades de Paris,* written by Haussmann's landscape architect Adolphe Alphand and published in 1867–1873, includes wonderfully illustrated detailed plans and sections of Paris's new boulevards. This book, which was available to designers elsewhere in Europe and America, was no doubt highly influential in disseminating the boulevard configuration (reprint ed., Princeton, N.J.: Princeton Architectural Press, 1984).

8. See David H. Pinkney, *Napoleon III and the Rebuilding of Paris* (Princeton: Princeton University Press, 1972) for a thorough description of the reconstruction of Paris.

9. See, for instance, Spiro Kostof, David Pinkney, Mark Girouard, and A. E. J. Morris, *History of Urban Form before the Industrial Revolution* (London: George Godwin Ltd., 1979).

10. Marshall Berman, *All That Is Solid Melts into Air: The Experience of Modernity* (New York: Viking Penguin, 1988), 150, 151.

11. See Pinkney, *Napoleon III.*

12. Splendid drawings of the Avenue de l'Impératrice can be found in Alphand, *Les Promenades de Paris.*

13. Norma Evenson, *Paris: A Century of Change, 1878–1978* (New Haven: Yale University Press, 1979).

14. See Robert Hughes, *Barcelona* (New York: Knopf, 1992).

15. For a series of essays that discusses and analyzes many aspects of Cerdà's plan and reproduces his drawings, see *Treballs sobre Cerdà i el seu Eixample a Barcelona* [Readings on Cerdà and the extension plan of Barcelona] (Barcelona: Ajuntament de Barcelona, Ministerio de Obras Publicas y Transportes, 1992).

16. Ibid., 190.

17. For a detailed description of Brooklyn's early development, see David Ment, *Building Blocks of Brooklyn: A Study of Urban Growth* (Brooklyn: Brooklyn Educational and Cultural Alliance, 1979), and Henry R. Stiles, *A History of the City of Brooklyn* (Brooklyn: by subscription, 1867–70.)

18. Ment, *Building Blocks of Brooklyn,* 44.

19. *Annual Report of the Brooklyn Park Commissioners,* 1867, 178–79.

20. Ibid., 192, 197.

21. Ibid., 198.

22. *New York State Laws,* 1868, chap. 631.

23. A plan describing this system is contained in *Annual Report of the Brooklyn Park Commissioners,* 1867.

24. These proceedings are chronicled in newspaper article of the times, especially in the *Brooklyn Eagle,* and also in a document found in the New York Public Library entitled "Petition from the Residents of Gravesend to the Legislature of the State of New York" (1879).

25. See *Brooklyn Eagle* articles and New York State laws of the time.

26. Berman, *All That Is Solid Melts into Air,* 165.

27. Charles Mulford Robinson, *City Planning, with Special Reference to the Planning of Streets and Lots* (New York: G. P. Putnam's Sons, 1916).

28. Institute of Traffic Engineers [hereafter ITE], *Traffic Engineering Handbook* (Washington, D.C.: ITE, 1992), 155.

29. Such publications include ITE, *The Traffic Engineers Handbook;* Transportation Research Board [hereafter TRB], *Highway Capacity Manual* (Washington, D.C.: TRB, 1985); and the American Association of State Highway and Transportation Officials [hereafter AASHTO], *A Policy on Geometric Design of Highways and Streets* (Washington, D.C.: AASHTO, 1990).

30. ITE, *Traffic Engineering Handbook,* 155–57.

31. ITE, Wolfgang F. Homburger et al., *Residential Street Design and Traffic Control* (Englewood Cliffs, N.J.: Prentice Hall, 1989), 22.

32. ITE, *Traffic Engineering Handbook,* 154.

33. Indeed, a recurring and troubling aspect of our inquiries has been the lack of actual data to accompany assertions or conclusions that one particular road or intersection configuration is unsafe or less safe than another—or, for that matter, more safe. Accident data is often blindly considered, without reference to particular conditions in which accidents occur.

   Often when presenting designs to traffic officials, we were told that a particular arrangement would not be safe. If we asked officials how they knew that, they could not tell us. When we started our inquiries, we were advised on many occasions that both accident and traffic data was available for particular streets. The availability of such information was central to our choice of streets for research, but, sadly the safety information was rarely found. This raised the question: What was the basis of the conclusion that boulevards are unsafe relative to other streets? We have yet to find satisfactory answers to that question.

34. See, e.g., International Congress for Modern Architecture, *The Athens Charter in Practice* (Boulogne: Architecture d'Aujourd'Hui, 1948); Clarence Stein, *Towards New Towns for America* (Liverpool: University Press of Liverpool, 1951); Clarence A. Perry, *Neighborhood and Community Planning* (New York: Regional Plan of New York and Its Environs, 1929).

35. The concept of an imbalance of power on urban streets derives from ideas initially presented in Colin Buchanan's influential report, *Traffic in Towns* (London: British Ministry of Transport, 1963), which was taken up by planning professionals in Europe and United States, notably Donald Appleyard, Peter Bosselmann, and Terence O'Hare, in "Traffic in American Urban Neighborhoods: The Influence of Colin Buchanan," *Built Environment* 12 (1983): 127–39; Donald Appleyard, *Livable Streets* (Berkeley: University of California Press, 1980).

36. See Jane Jacobs, *The Death and Life of American Cities* (New York: Random House, 1961); Berman, *All That Is Solid Melts into Air;* Appleyard, *Livable Streets;* Ken Greenberg, "Making Choices," *Places* 11 (1997): 14–21; Carmen Hass-Klau, *The Pedestrian and City Traffic* (New York: Bechaven Press, 1990); Walter Kulash, "The Third Motor Age," *Places* 10 (1996): 42–49.

第三部分，第一章

1. For example, in the American Association of State Highway and Transportation Officials (AASHTO) 1957 policy document, *A Policy on Arterial Highways in Urban Areas* (Washington, DC: AASHTO), there are direct regulations concerning streets with access ways, while in AASHTO's 1990 policy document, *A Policy on Geometric Design of Highways and Streets* (Washington, DC: AASHTO, 1990), they have been dropped altogether.

2. In most cities we were able to obtain gross figures for traffic volumes measured by Average Daily Travel (ADT). Pedestrian traffic is usually not counted, and we had to estimate it from field counts. Cities or police departments also keep records of reported accidents, usually those including serious damage to property or bodily injury. Pedestrian accidents, though, are not always recorded as such.

3. For a detailed accounting of the research conducted, see Allan B. Jacobs, Yodan Rofé, and Elizabeth Macdonald, *Boulevards: A Study of Safety, Behavior, and Usefulness*, (Berkeley: Institute of Urban and Regional Development, University of California, 1994).

4. The pedestrian counts used are those taken as part of the research project. The assumption is made that pedestrian volumes were similar for the period for which the accident rate was collected.

5. One should note, however, that blocks on most of Linden Boulevard are much shorter than they are on either Eastern Parkway or Ocean Parkway. The accident rate on the part of Linden Boulevard with long blocks is 1.18, and the pedestrian accident rate is 0.09. Thus it can be seen that by controlling for the effect of the shorter blocks on the number of accidents per intersection and isolating the effect of the boulevard configuration, Eastern and Ocean Parkways are both safer than Linden Boulevard.

6. For Paris, a report from the municipality that lists all the locations (either intersections or street segments between intersections) that had more than 10 accidents between 1 January 1990 and 31 December 1992 was available (Maire de Paris, 1993). This report includes only accidents in which injury to persons was sustained. Locations with fewer than 10 accidents were not reported. A 1986 map showing ADT counts for central Paris within the Boulevard Périphérique, based on 1982–86 counts, was also available.

7. For more on Avenue Montaigne, see Allan B. Jacobs, *Great Streets* (Cambridge, Mass: MIT Press, 1993); accident data from Maire de Paris, 1993.

8. One must be aware, however, that we may be confounded here by different definitions of what is a reportable accident.

9. Data from the Municipality of Barcelona.

第三部分，第二章

1. No single body of norms and regulations governs the design of streets in the United States. Practice differs from state to state and from city to city. Perhaps the most representative source is Institute of Transportation Engineers (ITE), *Guidelines for Urban Major Street Design, A Recommended Practice* (Washington, D.C.: ITE, 1984). Because it relates to major roads, this publication is applicable to boulevards. Other sources for norms and standards include the policy publications of the American Association of State Highway and Transportation Officials (AASHTO), specifically *A Policy on Arterial Highways in Urban Areas*, (Washington, D.C.: AASHTO, 1990). Also useful are Wolfgang Homburger and James Kell, *Fundamentals of Traffic Engineering* (Berkeley: Institute of Transportation Studies, 1984), and Wolfgang Homburger, L. E. Keefer and W. R.

McGrath, eds., *Transportation and Traffic Engineering Handbook* (Englewood Cliffs, N.J.: Prentice-Hall, 1982).

2. Minimum and desirable roadway standards used are from ITE, *Guidelines for Urban Major Street Design,* Table 2.1.

3. A tree-diameter limitation is included in ibid.

4. Ibid., Table 7.1.

5. Ibid., 33.

6. AASHTO, *A Policy on Geometric Design of Highways and Streets* (Washington, D.C.: AASHTO, 1990), 838–39.

7. ITE, *Guidelines for Urban Major Street Design,* 36, Table 92.

8. Nicholas J. Garber and Lester A. Hoel, *Traffic and Highway Engineering,* 2d ed. (Boston, Mass.: PWS Publishing, 1997), 164–67.

9. ITE, *Guidelines for Urban Major Street Design,* 47.

第四部分

1. The street was designed by Bimal Patel in collaboration with Allan Jacobs and Elizabeth Macdonald. Patel, Jacobs, and Macdonald were coleaders of a 1996 workshop on street design held in Ahmedabad and sponsored by the Ahmedabad Environmental Design Collaborative and the Ahmedabad Municipal Corporation.

2. City of Melbourne, Urban Design and Architecture Division, *Grids and Greenery: The Character of Linear Melbourne* (Melbourne, 1987) 37–40.

3. Letter from Michael J. Wallwork, P.E., *Transportation Engineer,* March 1996.

4. City of Melbourne, Urban Design and Architecture Division, "Boulevard Street Section Case Studies."

5. Adriana Chirco and Marco di Liberto, *Via Libertá ieri e oggi: Ricostruzione storia e fotografica della piu bella passeggiata di Palermo* (Palermo: D. Flaccovio, 1998).

6. See Allan Jacobs and Cortus Koehler, "San Francisco Boulevard," *Journal of Urban Design* (2000): 3–18.

第五部分，第一章

1. This issue is not unique to boulevards. It is a fundamental issue about streets and urban life that has enormous implications for the well-being of cities. It is connected to the issue of boulevards because the primary reasons why large stretches of urban roadways are not fronted by buildings and not enlivened by doorways or watched over by people from windows are a direct result of the functional categorization of streets, which was devised as a way to facilitate vehicular traffic.

2. Two examples in Paris exemplify this arrangement: the Boulevard de Courcelles, which runs in part along the Parc Monceau, and Avenue Franklin Roosevelt, which is completely one-sided and has two museums along one side.

3. The guideline of half is not meant to be an absolute; good judgment is needed to establish the dimensions of each realm. The figure does, however, reflect the importance of balance between the through-going functions and the local functions of the street. The more the balance is weighted toward the car and the center roadway, the less comfortable and safe the boulevard is likely to be for pedestrians. The more it is weighted toward the pedestrian realm, the less useful the street is likely to be as a way to move quickly from destination to destination.

4. The lane widths proposed in this discussion of the width of the boulevard and its constituent parts are narrower than the current norm in the United States. Earlier research conducted by the

authors has shown that larger lane widths on boulevards can reduce safety, particularly in the access ways. For a fuller discussion of the matter, see Allan B. Jacobs, Yodan Rofé, and Elizabeth Macdonald, *Boulevards: A Study of Safety, Behavior, and Usefulness* (Berkeley: Institute of Urban and Regional Development, University of California, 1994), 90–91, 111–14.

5. See, e.g., the prominent place of Commonwealth Avenue in mental maps of Boston shown in Kevin Lynch, *Image of the City* (Cambridge, Mass., MIT Press, 1960).

6. An example of a quick embarkation system is the bus-loading tubes used in Curitiba, Brazil.

7. See Robert Cervero, *Transit-Supportive Development in the United States: Experiences and Prospects* (Berkeley: Institute of Urban and Regional Development, University of California, 1994).

8. A good example is the Passeig de Gràcia in Barcelona. Besides having dedicated bus and taxi lanes in the center realm, with bus stations at every second intersection, it has a subway line running underneath it and includes a subterranean station for regional and national train networks. Passengers can board an international train there in the center of the city, or transfer easily from one mode to another.

9. See, for example, ITE, *Guidelines for Urban Major Street Design: A Recommended Practice* (Washington, D.C., 1984), 24.

10. See Jacobs et al., *Boulevards: A Study of Safety, Behavior and Usefulness*, 110–13.

11. For an alternative approach to emergency-vehicle access standards, see Terrence L. Bray and Victor F. Rhodes, "In Search of Cheap and Skinny Streets," *Places* 11 (1997): 32–39.

第五部分，第二章

1. To be sure, the 1980s and 1990s witnessed the acceptance of many traffic calming practices—speed bumps, traffic diverters, wider sidewalks at intersections, to name only three—so there has been change in the direction of a more balanced approach to roadway redesign.

2. See Allan B. Jacobs, Yodan Rofé, and Elizabeth Macdonald, *Multiple Roadway Boulevards: Case Studies, Designs, Design Guidelines* (Berkeley: Institute of Urban and Regional Development, University of California, 1995).

3. See Terrence L. Bray and Victor F. Rhodes, "In Search of Cheap and Skinny Streets," *Places* 11 (1997): 32–39.

4. See Ken Greenberg, "Making Choices," *Places* 11 (1997): 14–21.

5. There was also a hybrid possibility, which had the entrances to the access lanes from intersecting streets, at the intersections, and exits returning traffic to the central lanes at median breaks before each intersection.

上海泰和诚肿瘤医院

项目团队： 陈国亮、竺晨捷、陆行舟、张栩然、余力谨、贾水钟、张伟程、滕汜颖、钱锋、万洪等

合作设计单位： 美国 Henningson, Durham & Richardson International Inc.（"HDR"）公司（建筑方案、初步设计）

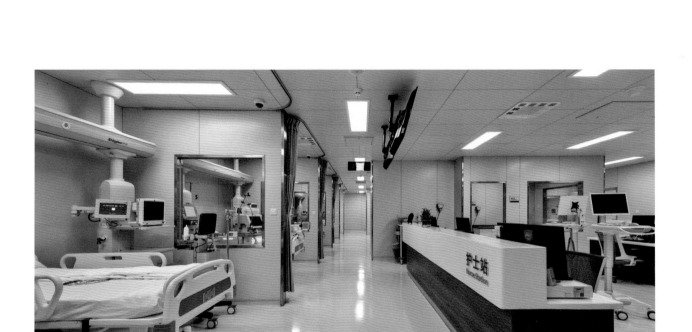

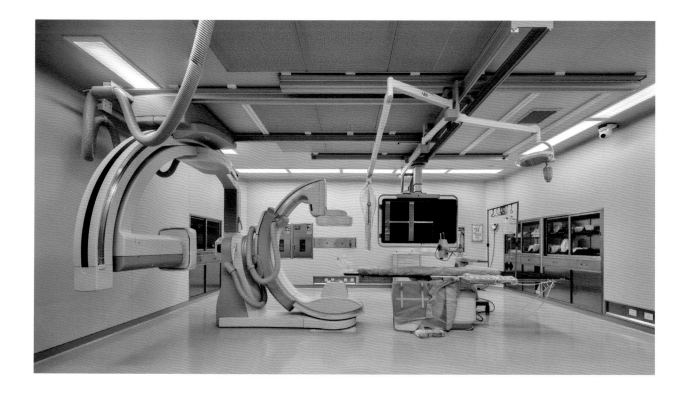

剖面图

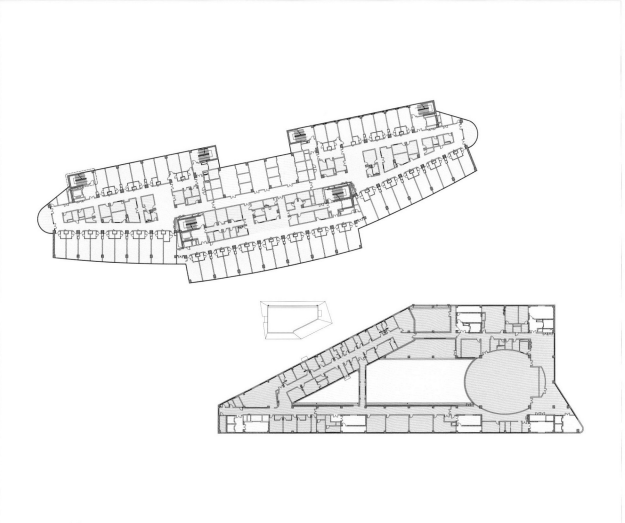

病房
住院区公用部分
行政管理
公共区域

五层平面图

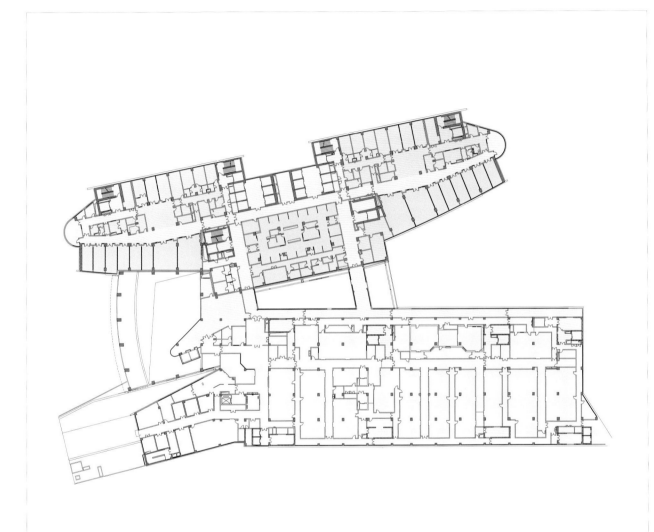

重症病房
住院区公用部分
手术部
公共区域

四层平面图

门诊
门诊医技
门诊药房
急诊
保障系统
公共走廊

一层平面图

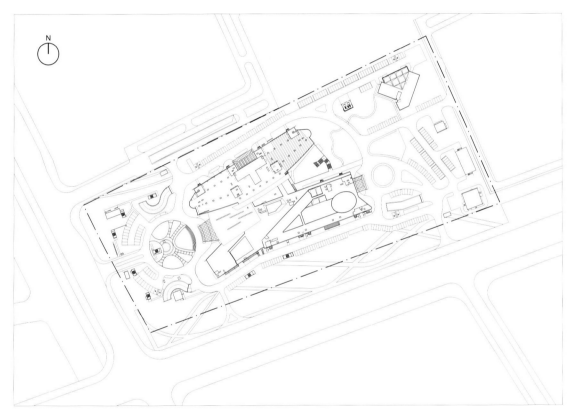

总平面图

我们在所有手术室旁都配备了准备区域，用于为病患进行术前麻醉和其他准备工作，以此避免病患在转移过程中所产生的不必要风险，并达到手术室的高使用率。

与手术中心同层设置的大型 ICU 中心共包含 3 个 ICU 单元，96 张床位（含有 4 个单人间），方便术后病患麻醉苏醒后直接进入 ICU，实现手术与 ICU 的高效运转。每个 ICU 床位设置电子探视屏，使家属可以远程探视病患。

3. 造型整体现代

建筑单体设计遵循"整体化""现代化"两大原则。我们在单体设计上顺应总体布局设计的思路，使建筑体量有分有合，各个单体造型设计在完整中求细致，同时通过大小对比，将分散的单体以有序的状态统一起来，达到丰富的效果。

我们在造型的刻画上，采用现代建筑手法，以点、线、面、体的方式进行构成处理，对应不同的体量特征采用横线条或竖线条的方式进行细腻的处理，以期达到宜人的尺度感和优良的视觉感。

我们在立面上采用统一的立面模数与墙面划分，使其产生明确、严谨的规律，同时采用大块面的虚实对比手法，通过立面质感和层次创造出大气而又富有整体感的形象。设计采用铝板、玻璃、石材等材料强调建筑的现代感，强调"人性化"医院的设计理念。

除了满足《导则》要求外，我们还考虑融入华山医院的历史传统，在裙房和主楼的外立面色彩设计上引入了华山医院总院百年"哈佛楼"的"哈佛色"，使用被誉为"哈佛色"的红色陶土板与主体的银色铝板、米色石材形成色彩和肌理上的对比，营造出具有历史文化内涵的现代医院建筑形象。

4. 空间舒适宜人

有别于传统医疗综合楼对外观造型的过分关注，内部空间设计和对室内环境的营造都是本设计的重点。当病患游走于建筑中时，精心设计的内部设计给人以变化丰富、意趣盎然的空间感受，彻底打破了人们对传统医院内部空间平淡乏味的印象。

我们在公共大厅外立面采用大面积玻璃，最大限度地引入自然光线。门诊候诊的一次候诊与大厅之间不设隔断，使大厅的自然光可以照射到候诊空间。诊室和检查室内部通过家具、色彩和灯光等室内设计元素尽力营造出"家庭化"的诊疗环境。五层、六层的会议、办公区域均设有屋顶花园，为医护人员创造出自然的景观环境。下沉庭院的设置为员工餐厅和出入院大厅增添绿意和生机。我们在室内设计中选取温暖的木色和洁净的白色作为主色调，引入神经外科的"神经元"图案元素做点缀，局部装点绿色植物，营造出舒适的室内环境。

在材料选取上，我们将"以人为本"作为根本的出发点，选用生态、环保、物美价廉的涂料、石材、陶板、铝板等，既经济实用，又能营造出健康、节能、人性化的室内空间。此外，我们充分考虑要为使用者提供便利性，所以将室内服务标识设计与建筑设计完美结合起来，使其成为建筑的有机组成部分。精心设计的室内标识一方面为病患提供了清新明确的指向服务，另一方面也成为室内装饰的亮点。

复旦大学附属华山医院临床医学中心项目被赋予的重要定位让本次设计建造任务承载了更多的社会含义，通过我们团队的努力，得以在有限的建造成本内完成了优质的建设成果。这个项目不但可以作为今后中国其他公立医院的设计参考，更代表了中国医疗建设领域的能力和水平。

行道路连通各建筑入口，为各个建筑单体提供便捷的交通路线。车行环路以内各单体建筑的外围均设计有硬质铺地与景观道路，作为主要的院区步行道路系统从内部连通各单体建筑的出入口。外侧的车行环路与内侧的步行交通系统一起构成了院区内完整的交通体系。各个车行出入口附近均设有地面停车场和地下车库入口，方便医患人员共同使用。每个停车场通过绿化隔离带进行遮挡，以减少对院区景观的影响。

建筑单体设计要点

1. 布局集约高效

复旦大学附属华山医院临床医学中心项目基地内部的主要建筑物为门急诊楼、医技楼和病房楼，由北侧主楼和南侧裙房组成。建筑地下一层主要设置影像科、核医学科、中心药库、高压氧舱、营养厨房、职工厨房、职工餐厅、物资管理、污物暂存、太平间、设备机房、停车和办公储藏（战时中心医院）。一层的主要功能为门诊大厅、出入院大厅、VIP 门厅、门诊、输液、急诊急救、挂号收费、变配电站。二层主要功能为门诊、VIP 门诊、功能检查、检验科、科研和教学。三层主要功能为手术辅助、中心供应、病理科、输血科、静脉配置、信息中心、科研、中西医科研中心实验室。四层主要设置 ICU（重症监护病房）和手术中心。裙房五层设置净化机房和全科医师培训中心，裙房六层设置行政办公和报告厅（400 座）。主楼在四层与五层之间设置设备管道夹层，五～九层为标准病房，每层设置 3 个护理单元，病房以三人间为主。主楼十层与十一层为特需病房，每层 3 个护理单元，病房以单人间为主。

我们在门诊设置三大分诊中心，不同于以往的医院模式，充分注重功能空间的可变性和多样化要求；我们将皮肤科、中西医结合科等权威科室的配套检查、治疗用房设计在分诊中心之内，充分体现

了现代医疗的高效运营模式，提升了对病患的人性化关怀。

依托华山医院的神经外科特色，急救中心形成了配套齐全的急救体系。急诊部紧邻影像科并位于手术室的正下方，方便三者必要时快捷的联系。门诊病患和一般的急诊病患可以通过一楼大厅西面进入影像科和急诊部，而住院病患和重创急救病患可通过一楼北面或东面的出入口进入，这样可以避免拥挤并保障病患的隐私。此外，专用电梯可将急诊里的重创急救部和上方手术室连接起来，区域内设置完备的治疗抢救设备和专用的绿色通道形成了立体急救体系，使得医院运行关系的最优化得以实现。

2. 特色功能完善

为给神经外科这一医院品牌特色专科提供技术支持，我们在该项目中设计了大型手术中心和 ICU 中心。四层的大型手术中心一共设置 34 间洁净手术室和 6 间门诊手术室，具体为：10 间Ⅲ级手术室（包含 1 间正负压手术室）、14 间Ⅱ级手术室和 10 间Ⅰ级手术室（包含 2 间 DSA 数字减影血管造影室），以及 2 间术中核磁手术室、2 间骨科 X 防护手术室、1 间术中 CT 手术室和 1 间数字化手术室，满足了高、精、尖的医疗手术区，大面积的净化区域，复杂功能流线等对建筑设计和机电配合提出的要求。

其中，术中核磁手术室能够提供术中 MRI 实时影像，以实现神经外科的精准手术。我们设计采用一台 MRI 连接 2 间手术室的方式，在提高设备利用率的同时，实现了术中病患无缝转运进行核磁检查的要求，既安全又高效。

我们设计的集核磁共振成像、DSA 数字造影技术于一体的高端杂交手术室可以在手术进行时无需转移病患的情况下提供即时的影像反馈，实现效率更高、更安全的手术。

我们将手术室按类型和级别进行分区设置，级别低的靠近手术部入口处，级别高的设在洁净廊最远端，不同级别的手术室尽量不共用洁净廊。另外，

供了有力保障。

3. 宜人的就医环境

复旦大学附属华山医院临床医学中心门诊大厅布局合理的人流系统设计能使病患及其家属快速、便捷地找到方向，有效减轻了其就诊焦虑和困惑。一方面，我们通过小区域的气氛营造和精心雕琢的细部构造，力求打破旧有模式，创造出全新的就医环境。另一方面，我们设计的门诊和住院病患动线系统相对独立，以此来最大限度保护病患的安全和隐私，通过各类电梯的细化设置，从人流、物流科学分配的源头上，保证更为专业、高效的内部疗愈环境的营造。此外，我们通过公共空间、庭院和屋顶花园的设计将大自然带到住院病患的日常生活中，创造出安逸的康复环境。

4. 现代的医院建筑形象

该医院的独特形象设计充分反映了上海新虹桥国际医学园区中地标性建筑的特色。我们在建筑造型上采用现代建筑手法，以期达到宜人的尺度感和丰富的视觉感。建组立面统一的模数产生明确、严谨的规律，我们运用大块面的虚实对比手法和立面质感的层次创造大气而又极具整体感的形象。在色彩方面，我们引入华山医院传统的"哈佛红"，将红色陶土板与银色铝板、米色石材形成色彩和材质上的对比与变化，营造出具有文化内涵的现代地标建筑形象。

5. 绿色的节能技术

在建筑外观，我们采用高效能玻璃、铝板、陶板等高技术含量的建筑材料，用建筑外形的温和曲线表现出现代建材在康复护理环境中结合自然和技术为一体的特色。在建筑内部，我们使用先进的采光模型分析软件 ECOTECT 进行分析，优化室内自然采光，减少室内能源消耗。

在该项目的设计中，我们还利用各层退台屋面设置屋顶花园，为医护和病患分区提供休憩空间。绿色屋顶种植土厚度 600 毫米，在改善环境调节局部气候的同时起到了节能的效果。

高效、集约的规划布局设计

复旦大学附属华山医院临床医学中心项目的规划设计不但需要配合园区整体布局，还需要仔细考虑对于未来与园区各个单体的连接关系。单体建筑设计设计方案需要慎重参考园区总体规划设计理念。

该项目采用集中布局方式，将所有功能整合，形成集约高效的医疗综合建筑体的同时，让出大面积的绿化空间，结合道路交通系统设计，完善整个院区的景观体系。

在就诊动线设计方面，我们为门诊病患、住院病患、特需病患、急诊病患和员工通道都设立了各自独立的出入口来保证其隐秘性并避免拥挤，同时，各出入口到电梯、诊疗室等地的距离都进行了合理的最小化设计，清晰可见。

门诊入口设在纪谭路上，位于主交通轴，使进出车辆通畅运行；季乐路上的住院入口离开城市主干道有一定距离，VIP 和职工车辆也可通过此入口进入本院。门诊入口和住院入口均为基地的主要车行出入口。救护车使用基地东侧规划路上的急救车入口，从而避免与社会车辆的交叉。为避免对主要功能区造成影响，我们在院区北青公路一侧布置了污物出口（即特种车辆出入口）。基地内，整体出入口布局合理，使用方便。地下层可以通过三个地下车库出入口进入。社会车辆通道设在基地主出入口旁，具有良好可识别性。地下室的污物出口设在基地东侧，靠近北青公路的污物出口。不同功能入口的分开设置，保证了就诊人流、医护人流以及污物流线互不交叉。

院区内部主要道路联结成环，指向明确，系统清晰，疏散高效。院区内主要车行道路宽度均大于7 米，沿地块周边形成交通主环路兼消防车道。车

技艺融合，打造现代化专科综合医院

复旦大学附属华山医院临床医学中心项目由上海建筑设计研究院有限公司负责建筑土建工程的方案、扩初和施工图的全过程设计，由美国 Gresham Smith & Partners 公司在方案阶段提供设计咨询。

作为上海新虹桥国际医学园区内首个建成并运行的医疗机构，复旦大学附属华山医院临床医学中心项目在设计之初就充分衔接并拓展了园区总体规划思路，以"高新科技医疗中心""地标性建筑""绿色环保建筑"作为核心理念，通过配备门急诊、医技、住院、科研等全方位一体化的功能构架，力求实现一个可以展示中国未来医疗保健水平的高端基本医疗典范。

复旦大学附属华山医院临床医学中心项目以"大专科，小综合"为特色，提供神经外科、手外科和中西医结合科三大专科品牌的基本医疗服务，同时开展相关科研教学、国内外学术交流活动和全科医师规范化培训服务。该项目的完成和运营将为上海新虹桥国际医学园区内国际医院和特色医疗机构的人气聚集打下基础。

复旦大学附属华山医院临床医学中心坐落于上海闵行区新虹桥国际医学园区内国际医院和医技中心以南的地块。基地南侧的北青公路为城市重要干道，红线宽度50米，规划绿带宽度20米；基地西侧的纪谭路等级稍低，红线宽度40米，规划绿带宽度10米；基地北侧的季乐路红线宽度20米；基地东侧与肿瘤医院间设置一条共用规划路，红线宽度7米。

该项目总用地面积67 053平方米，总建筑面积128 920平方米，设置床位800张。包括新建门急诊医技及病房楼（地上11层、地下1层）、后勤办公楼（地上6层），以及垃圾房、危险品库、地埋式污水处理、门卫、35kV电业开关站、液氧储罐等辅助用房。医院人防工程设于门急诊医技及病房楼地下一层，其中五级战时的中心医院不少于3950平方米（平时用于办公、储藏），六级战时的二等人员掩蔽所不少于5640平方米（平时用于地下车库）。

完善的设计理念

1. 全新的医疗模式

为贯彻上海新虹桥国际医学园区总体规划的战略性设计理念，复旦大学附属华山医院临床医学中心多层次便捷联通园区共享中心和国际医院，主要诊断及治疗室之间的联系也被仔细考量，创造出紧凑高效的流线系统。急救、影像、手术室和ICU之间的运行关系被最大化连通，实现了整个就医流程的无缝衔接。

2. 有力的科研支撑

根据医院引入的神经外科、手外科与中西医结合科三大专科的设置需求，我们的设计采用区别于以往医疗与科研教学分栋设置的模式，在建筑裙房二层、三层东侧设置教学区和三大院士科研中心，与四层手术中心邻近，实现专科医、教、研三大功能的整合贯通。高端科研的有效融入为临床治疗提

复旦大学附属华山医院
临床医学中心

项目团队： 陈国亮、陆行舟、汪泠红、陈蓉蓉、周宇庆、陆维艳、朱文、陆文慷、
朱学锦、朱喆等
合作设计单位： 美国 Gresham Smith&Partners 公司（建筑方案）
获奖情况： 2021 年上海市优秀工程设计二等奖

用现代设计手法构建有机生态花园

　　泰和诚医疗集团有限公司（CCM）的宗旨是打造世界一流的癌症治疗设施，不仅提供顶尖的医疗服务和研究教育支持，更提供一流的癌症护理服务，从多个层面全面提升人类的健康水平。

　　建成后的上海泰和诚肿瘤医院将成为亚洲首屈一指的癌症治疗医院，它将整合国际标准的治疗流程与管理措施，拥有先进的癌症诊断与治疗技术，为病患提供更专业、更综合的治疗和护理服务。

　　上海泰和诚肿瘤医院位于上海市闵行区新虹桥国际医学园区内，距上海虹桥机场 5 公里，场地南临北青公路，东临联友路（地块 04-02），医院西北侧为中央共享支持中心，西侧为复旦大学附属华山医院临床医学中心。基地地块较为规整，南北长约 210 米，东西向长约 240 米。

　　项目总建设用地 47 867 平方米，总建筑面积（一、二期）158 769 平方米，设置床位 400 张。项目按照"统一规划、统一设计、一次立项、分期建设"的原则，分为两期建设，一期为医疗区——400 床肿瘤专科医院；二期为质子治疗和行政办公。

　　本次工程为一期部分，主要包括医疗综合楼(包括门诊、医技和住院三部分)、汽车坡道和地下连通道、连廊、门卫室和其他附属设施。一期总建筑面积 144 689 平方米，其中地上建筑面积 76 805 平方米，地下建筑面积 67 884 平方米。

现代化的设计理念

1. 系统化

　　为实现高效、节能、可持续的目标，我们在建筑工程设计中致力于开发并推广有效、经济、影响力高的技术、系统与做法，确保系统化建设策略的实施。在方案设计中我们整合运用了自然通风、自然采光和可持续节能系统，强调整个医院高效率的系统化建设，全面提升医院整体能级。

2. 形象化

　　我们在医院设计中在打造"病患至上"的疗愈环境的同时，注重表达泰和诚医疗集团有限公司的品质、愿景和使命感，将医院的特色形象和体验感作为设计的关键考量因素。我们合理运用尺度与空间元素，展现出新兴现代化医院充满能量和安全感的整体风貌。

3. 景观化

　　在该医院设计中，我们围绕一块中央绿地来组织空间功能，为门诊与住院病患提供良好的景观体验，增加其就诊舒适感。此外，绿地还是病患家属和医院职工的视觉参照，为他们辨识空间方位提供指引。我们在设计中还结合下沉空间打造了一座优美的庭院，静谧的场所和优雅的环境为疗愈、静思、交谈提供了适宜的空间，并可确保地下一层癌症治疗区拥有充足的自然采光。

我们的设计将医院候诊区尽量多地朝向中央绿地和下沉庭院，最大化利用室外的景观和采光条件，融合室内与室外环境，缓和病患焦虑、压抑的心理感受。

4.体验感

我们的设计着重关注空间组织，力求在一个整体环境下推出一系列截然不同的体验，在表达建筑外观设计的同时，塑造同样温馨、大气的室内环境。我们将建筑的体量、外观与空间作为"背景"，各种内部活动与就诊体验才是真正的设计"内涵"。为追求良好的体验感，就要营造和谐有序的"背景"，将"以人为本"的设计理念贯彻始终。

集约化的规划设计

北青公路作为城市主干道位于项目基地的南面，从消音角度上考虑，我们在基地南侧设立了绿地缓冲区，并将高层住院病房楼设立在基地北面，从而使住院病患远离了嘈杂的城市道路，避免了噪声的影响。我们将门急诊功能布置在基地南侧靠近城市干道的位置，使交通更便利；我们在门急诊楼与住院病房楼之间的核心位置布置了医技功能区，在确保医疗资源高效利用的基础上，通过三者建筑体量围合出大面积中央景观空间，从而在有限的基地面积中，获了得功能与景观的高效集约化整合。

对于门诊病患通道、住院病患通道、特需病患通道和员工通道，我们都设置了独立的出入口来保障私密性和避免人流拥挤，由各出入口引发的流线都清晰可见，且可识别性强。

我们根据规划要求在院区设置了四个地面出入口，其中院区主入口设置在联友路上，主入口正对门诊住院入口设置；在北侧季乐路设置院区地面次出入口，主要担负内部车流集散功能；北青公路西侧规划为特种车辆（消防车）出入口；污物出口则设置在与复旦大学附属华山医院临床医学中心共用的规划路上。

我们在基地内充分实现了人车分流。主要车行道路宽度均大于 7 米，车行道路连通各建筑入口，为各个建筑单体提供便捷的交通。我们在地块内沿周边设置交通主环路兼消防车道，与各个院区出入口一起形成整体交通骨架。

基地内建筑主体呈南北向布置，室内采光通风条件良好，护理单元可以获得良好的朝向和室外视觉景观。

舒适宜人的景观设计

上海泰和诚肿瘤医院在设计伊始就提出了"景观化"的设计理念，即建筑重在内外部空间环境的设计与交融，以及其间的通透性，因此"花园"便成为项目中重要的设计元素。我们具体的设计灵感来自人体生物学技术在医疗保健环境中的展现：花园的形态取材于生物细胞的有机特质，并与周围建筑（"技术"）浑然一休。

我们设计的花园与建筑内部的公共开放空间相互辉映，其中，光影、质感、色彩、绿植均扮演了重要的角色。景观结合步行道路系统进行设计，在界定空间的同时更能形成有机流动的生态格局，为身处其中的人营造出生机盎然的体验和感受。

（1）疗愈花园

疗愈花园（中央绿地）是上海泰和诚肿瘤医院的"生态心脏"，其四周被多种医院功能所环绕。在医疗保健环境中，花园的可达性尤为重要，因此，我们设计了多个出入口，如在主大厅、门诊大厅、咖啡座和行政大厅等多处都设置了可便捷到达中央疗愈花园的出入口。对于医院病患，特别是那些行动不便的病患来说，与大自然之间的视觉连接也是非常重要的。我们运用巧妙的景观形态让那些病房里不方便走动的病患也能够看到美丽的景致。疗愈花园的组成元素包括多条步行道、休闲座席区、绿色缓坡、景观墙、露天咖啡座、多样的乔木、雕塑小品和休闲草坪，通过多变的形式和有机的组合，我们设计营造出丰富的场景感受，使人置身其中能够身心愉悦。

（2）下沉式花园

地下一层的两个下沉式花园对外敞开，可从地下一层进入。这两个花园完全被玻璃包围，建立了人与景观之间的视觉联系。地被植物、花木、雕塑、步行道和休憩区等共同构成室外空间，我们结合门诊功能进行设计，使内外环境得到完美融合，有效缓解了病患在就诊区域的压抑感。

（3）屋顶花园

屋顶花园不论是形式上还是功能上都是疗愈花园设计的延伸。医院拥有两个屋顶花园，其中一个位于四层的上人屋面，可从餐厅进入，面向住院病患和医护职工；另一个屋顶花园位于十二层，仅向VIP病患及其家属开放。

打造生态疗愈村

在建筑设计方面，我们秉持打造"生态疗愈村"的设计理念，通过自然环境为病患带来的舒适感，加上现代医疗技术的强大力量，构建一个集功能性、生态性、高效性、体验性、可持续性于一体的现代化大型医疗综合体。

我们通过设计将住院病房、医技、门急诊和行政办公功能全部整合在一栋医疗综合楼中，通过体块间的连通与融合，创造性的建构了一个集约高效的功能体。北侧为高度 60 米的住院病房塔楼，流线型延展的形体和转折起伏的南立面最大化地利用自然采光，保证了病房区的良好视野条件；底层裙楼中的医技部分设有 L 形诊区以及其他一些附属功能，裙楼的设计给人以亲切感，建筑材料、质感、色彩和尺度的选择为癌症病患及其家属营造出一种宾至如归的感受。与医技部分相连接的是南侧的门诊楼，其与医技部分的体量围合形成了疗愈花园和下沉式花园。每个门诊组团中心的庭院和室外空间都是令病患暂时忘却痛苦的一片小小乐土。

我们在该医院设计中遵循中国绿色医院二星级设计标准，可持续原则（包括雨水循环系统、外部遮阳系统、通风节能系统等）交织贯穿在整个设计过程中，结合整个医院的生态景观体系，为贯彻落实有机生态化和可持续化的建设理念做出了应有的贡献。

我们的设计在医院的外观上力求体现泰和诚医疗集团有限公司的目标和使命。高技现代化的外观形象与自然人性化的内在品质相辅相成，融汇成建筑独特的个性与标识性，结合可持续发展策略，创造出一个绿色、环保、健康的医疗环境。

在立面材料的使用上，病房塔楼以铝板和玻璃为主，营造一种"高技"和现代感。塔楼各层的水平向彩色遮阳板能有效减少夏季的直射阳光，同时能强化塔楼的流线造型。遮阳板色彩由下至上从蓝色向绿色过渡，这种天空与植物的色彩能让人们返璞归真，同时也不乏时尚的现代感。

我们在裙楼外墙大面积使用木纹金属板，营造出一种亲切、温暖、自然的感觉，木纹金属板和玻璃的交错布置创造出一种变化丰富的立面形式。

内外之间的自然与技术平衡

上海泰和诚肿瘤医院的室内设计延续外观设计理念，寻求"自然与技术的平衡"。这种做法能打造出一种"宾至如归"的环境氛围，提升护理感受，满足病患的期望值。

室内设计把外观设计的语汇和比例转化为更加宜人的尺度。墙面采用白色基调，美丽的光泽给人以优雅的感觉，是花园的无声互补，使访客能够自然地把视觉焦点集中在户外，去领略花园的独特魅力。从自然公共区到技术治疗区的每个空间过渡节点都外覆柔性木质色调，起到良好的空间过渡作用。

在方案设计的各个阶段，我们一直都在评估"渐进型绿墙"设计的各种方式。绿墙不但能营造温暖人心的感受，更具有清洁室内空气质量的好处，这一垂直景观元素象征着"生长"和"疗愈"，使"空间与自然相融"的概念更加透明清晰。

建筑学的力量在于它与生俱来的、影响人类体验与行为的能力。我们的目标是在最先进的医疗保健设计中驾驭这种能力，运用创新先进技术与可持续原则，同时坚定不移地把重点放在病患的疗愈体验上。上海泰和诚肿瘤医院的成功来源于体现功能性、高效性和创新性的建筑创作。

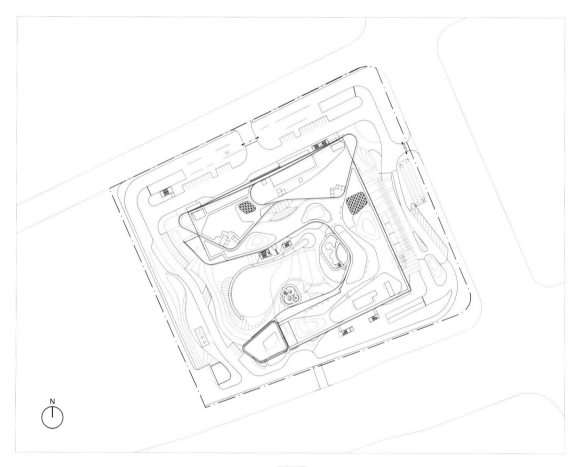

N

总平面图

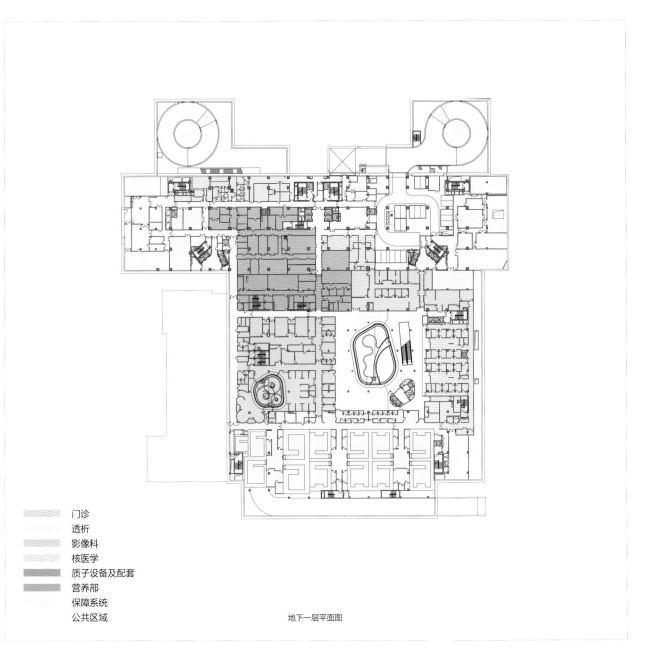

门诊
透析
影像科
核医学
质子设备及配套
营养部
保障系统
公共区域

地下一层平面图

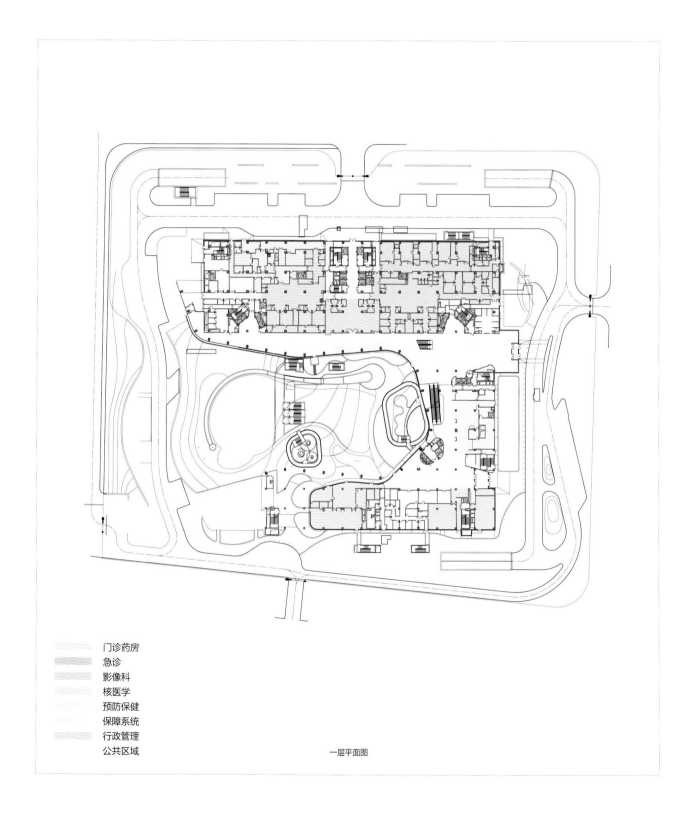

门诊药房
急诊
影像科
核医学
预防保健
保障系统
行政管理
公共区域

一层平面图

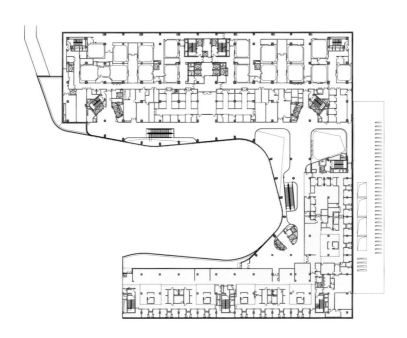

透析
手术部
公共区域

三层平面图

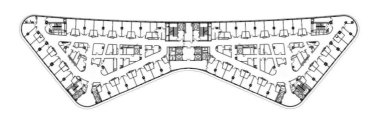

病房（护理单元）
住院区公用部分
公共区域

六层—十层平面图

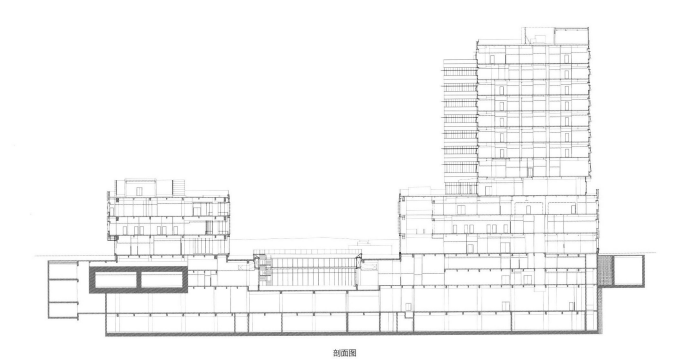

剖面图

上海览海西南骨科医院

项目团队： 陈国亮、陆行舟、严嘉伟、蒋娱璐、丁耀、糜建国、陈尹、吴建斌、徐杰等

以技术治愈疾病，以关怀温暖人心

上海览海西南骨科医院是一家以骨科手术为重点的特色专科医院，与上海市第六人民医院进行战略合作，力求打造上海市公立医院与社会资本合作的示范项目。

该医院建设基地位于闵行区华漕镇上海新虹桥国际医学园区 33-09 地块，东至医济西路，南至季乐路，西至金光路，北至医济中路。总建设用地 35 181 平方米，总建筑面积 99 625 平方米，设置床位 400 张，日门诊量 1200 人次，主要为预约病患。地块南北方向约 153 米，东西方向约 231 米。工程内容包括医疗综合楼、连廊、门卫和其他附属设施。

设计理念

上海览海西南骨科医院定位为"国际化""高端化"，兼具国际学术交流中心功能，具有创新运营特色和机制，重点突出以骨科手术为主，配合骨科相关如骨代谢疾病及其支撑科室等，并以医工转换、科研、临床试验（药物、器械等）和临床实训为特色的专科医院。据此，我们提出以下四项基本设计理念。

1. 集约高效

门急诊部分与医技部分紧邻布置，住院部分叠置于医技部分之上，我们以水平与垂直两个维度的立体交通形成了该医院紧凑集约的总体布局。我们慎重考虑和设计了主要诊断与治疗室之间的功能联系，从而设计出一套便捷有效的交通系统。

2. 医技化整为零

我们的设计一改传统医院建设模式当中集中设置医技功能的布局特点，将医技结合门诊功能分层设置，方便医患对症使用。依据建筑功能分类的布局方式使各类功能区域与其对应的医技区域形成了最直接的连通，极大缩短了病患的交通距离，提升了诊疗效率，同时，我们的设计加上智能化技术作为后台支撑，实现了医疗管理和运营上的便捷高效。

3. 多学科诊疗模式（Multi disciplinary team，简称 MDT）用房

为了解决单一系统、单一学科诊疗疑难杂症的局限性问题，我们设计在门诊等各类医疗空间中植入 MDT 用房，鼓励并促进医护工作者间的团队沟通与协作，以期更好地服务于病患。

功能布局方式

医院总体布局为集中式，主要医疗功能集中布置于基地中心的医疗综合楼，医疗综合楼主要由两部分构成：门急诊和医技部分、住院部分。

建筑一层至四层为门急诊和医技部分，建筑高度不超过 24 米，主要设有急诊急救、门诊、医技、行政办公、实训中心等功能。其中，医技功能主要设置于一层至三层，主要设有手术中心、放射影像、功能检查等。四层为屋顶花园和净化设备机房。

上部的 8 层塔楼为住院部分。建筑高度为 60 米，

从五层起主要设有普通护理单元、VIP 护理单元等功能。建筑共设 2 层地下室，地下一层主要为核医学、放疗科、机械式车库、药库、总务库房、营养厨房、员工厨房、餐厅等功能；地下二层主要为机械式停车库、战时中心医院、太平间、垃圾房等。

交通流线

1. 基地出入口设置

我们在金光路一侧设置了医院的主要人行出入口，通过步行通道直达门诊入口。我们在基地北侧医济中路开设了主要车行出入口，门诊、住院、急诊急救车辆均由此口进入。出入口附近设有地下车库出入口，将主要车流引导入地下车库。此外，我们在基地南侧季乐路和东侧医济西路设置次出入口，在北侧医济中路设置污物出入口。

2. 建筑出入口设置

门诊入口位于建筑的西面，与景观广场相接。急诊入口设置在主入口景观广场西北侧，在夜间以明显的展示面方便病患识别。急救出入口处就近设置急救车专用停车场。住院出入口设置在住院塔楼的东北侧，其前方设置入口广场。行政员工入口位于主楼西北面。

3. 基地内主要人行流线

医院的主要人流由金光路主人行出入口进入基地，经由门诊前景观主轴上的人行广场进入医疗综合楼。部分人流可通过次出入口和二层空中连廊进入建筑物内。

4. 基地内主要车行流线

对于来医院的社会车辆，我们的设计是由北侧

主出入口进入基地，经由门诊主出入口处环道，接送客人后由南侧次出口离开基地。车辆单向通行，保证了其在基地内的交通顺畅。

对于门诊车流，我们的设计是在北侧主出入口附近设置入地库双车道，车辆由此直接进入地下一层。这些车辆也可在门诊主出入口处环道下客后，再经由基地西南侧的车库坡道进入地下一层和二层车库停车。

对于住院车流，我们的设计是由北侧主出入口进入基地后，在主楼北侧住院出入口下客，就近通过车库坡道进入地下二层停车。

对于"洁""污"流线，我们的设计是在地下一层北侧设置通道与园区地下通道相连，并于通道处设置物资集散场地，洁净物资运输由此通道与外界联系。地下二层南侧设置独立的污物坡道，污物在地下二层垃圾房装车后，经由此坡道就近于基地北侧污物出口离开基地。

绿化景观设计

我们于基地主人行出入口处设置集中式绿化景观，着重打造景观主轴，营造良好的园区环境。同时，在建筑设计中，为消解医院建筑巨大的体量感，我们在建筑体中嵌入不同标高、不同尺度的绿化庭院，为室内空间引入了绿色与阳光，创造出生态的康复环境。

（1）屋顶露台
我们通过退台和塔楼体形的扭转设计形成了一系列的室外露台，这些空间或用于休息、观景，或用于竖向绿化，动静结合，模糊了建筑室内外的空间界限。

（2）下沉庭院
我们在整个基地设置了多个下沉庭院，并将自然光线引入地下室。基地南侧的下沉庭院主要为地下核医学服务，东侧的两个下沉庭院分别为员工餐

厅和科研中心服务,北部下沉庭院为医院辅助空间,例如设备机房等服务。

建筑造型设计

1. 建筑造型的立意和理念

上海览海西南骨科医院的整体造型以柔和的曲线为主,流线型的住院塔楼与层层退台的裙房有机融合,相互呼应,犹如一只"大手"捏合起建筑西侧的人行主入口广场,形成尺度宜人、富有场所感的建筑空间。此外,我们利用建筑体形的扭转和退台变化,在建筑的不同标高植入各具特色的绿化庭院和屋顶花园,为大体量建筑的内部引入了绿色与阳光,营造出舒适宜人的康复环境。

2. 有机形态的数字化构建

自然有机的建筑体形在营造良好就医环境的同时,也无形中提升了设计的难度,为此,我们在设计之初就采用 Rhino、BIM 等数字信息化手段,通过三维模型与二维图纸交叠工作,辅助建筑立面的构建,从而在方案阶段就对建筑的形态充分推敲。引入信息化数字建模技术不仅可以在设计各阶段中达到建筑形态的可视化与可控化,也可以在设计前期阶段为医院估算造价、设计招标等需求提供数据支持,提高了项目的推进速度。

建筑立面设计

该项目外立面大多采用窗墙系统,仅于医疗综合楼一二层面对核心花园处采用了玻璃幕墙系统,在保证建筑立面美观的同时,兼顾了建筑的节能性能。

外立面主要采用干挂铝板与隔热铝合金型材中空门窗(氟碳喷涂),外窗玻璃为 LOW-E 玻璃。通透的立面设计使得建筑与自然景观融为一体。

塑造空间特质

1. "透亮"的空间环境

我们通过建筑退台和形体上的扭转设计形成通透的公共区域,使人的视线在这些区域中获得了上与下、内与外的贯通。通过将室外的阳光、空气、绿意引入室内,我们设计营造出通透明亮、舒适宜人的室内环境,无论病患身处医院何处都仿佛置身于花园之中。

2. "温馨"的诊疗空间

我们的诊疗空间设计一改传统公立医院集中候诊的模式,将门诊空间设计成多组小型单元,为病患提供更贴近居家空间尺度的诊疗和等候空间,给他们带来如在家般亲切、温馨的诊疗体验。

3. "高效"的功能布局

建筑采用集约式功能布局,利用不同类型的电梯构建垂直交通系统,使得物流组织和人流组织高效化,有效避免"洁""污"流线的交叉。此外,我们一改传统医院将医技功能集中设置的布局特点,化整为零,将医技结合门诊分层设置,使得各类功能区域与其对应的医技区域形成直接联系,既方便了病患,也提高了治疗效率。

上海览海西南骨科医院从整个建筑布局、空间设计到诊疗服务的全过程均以病患为核心,是一个极具舒适感的优质疗愈场所。

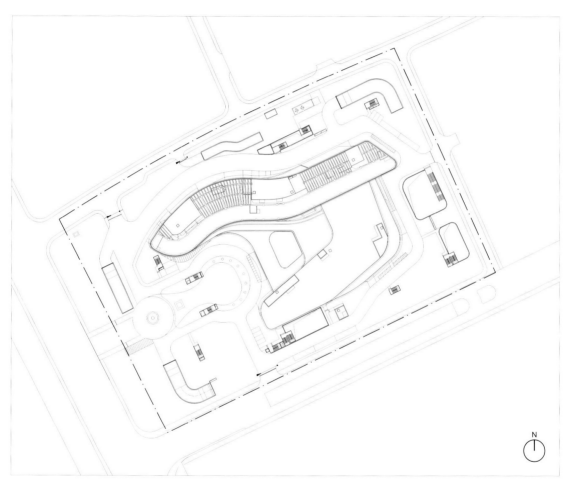

总平面图

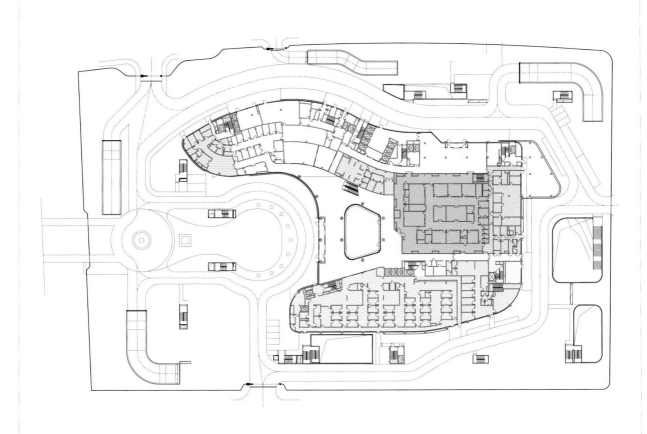

门诊
门诊医技
急诊
功能检查
药剂科
放射科
检验科
行政管理
公共区域

一层平面图

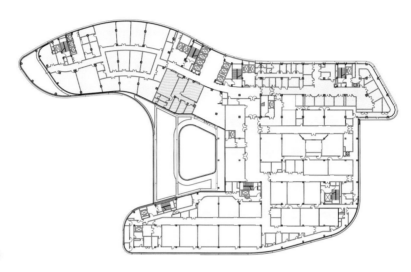

重症病房
手术部
血库
科研区
公共区域

三层平面图

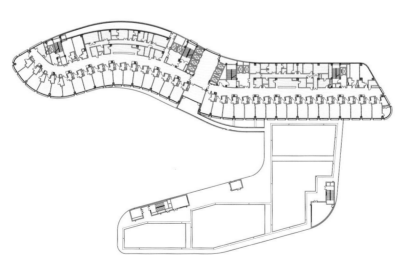

病房（护理单元）
住院区公用部分
公共区域

五层平面图

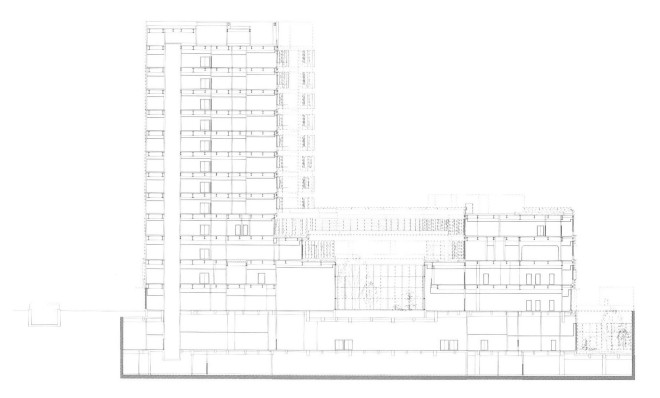

剖面图

上海万科儿童医院

项目团队：陈国亮、黄慧、蒋媖璐、钟璐、王佳怡、糜建国、殷春蕾、陈艺通、胡洪等

从"心"出发的"儿童患者之家"

上海万科儿童医院项目地处上海新虹桥商务区内，是"上海新虹桥国际医学园区"项目的重要组成部分，以努力打造具有国际医疗水准和国际化管理、服务水平的儿童医院为宗旨，常设床位 150 张。

上海万科儿童医院的主要服务对象为 18 岁以下儿童（不包括新生儿）与青少年。项目用地面积 12 080 平方米，总建筑面积 34 990 平方米，其中地上建筑面积 21 740 平方米，地上 11 层，为医疗服务功能；地下 2 层，为厨房、餐厅、后勤、设备机房和地下车库。

作为一所国际化的高端医院，在着手开展上海万科儿童医院的规划设计前，我们就明确提出了三项理念，并贯彻设计与建设的始终。

1. 以人为本

对于服务于儿童与青少年这一特定人群的医院来说，一定要以患儿的就医体验为设计中心，做到医院功能与环境结合，实用性与舒适性并重，突显在"环境—心理—生理"医学模式下优良的疗愈环境对患儿心理层面的积极影响，并以此为设计核心开展医疗空间和流线的布局设计。同时，设计要尽量集约空间，缩短就诊流线，提升公共环境的整体品质。注重人性化的细节设计，完善公共配套设施，在服务病患的同时也为医护和其他工作人员提供舒适的工作环境。

2. 生态环保

该项目基地面积较小，在有限的绿地空间内，我们以"生态、环保"为主题，利用现代、简约的设计手法，结合传统的日式造园方式，注入时尚的景观设计理念。室外绿化围绕建筑体，成为建筑与建筑之间宜人的室外开放空间。屋顶绿化和活动场地将作为我们设计的最大亮点：裙房屋顶为儿童提供了一个大型活动场所，并且与地面流线自然隔离开来，安全而高效。在下沉庭院和内庭院采用垂直绿化，用新颖的绿化概念填补传统平面绿化存在的种种不足。

3. 安全舒适

该建筑整体采用简洁明快的体量组合，以现代设计中的处理手法来体现儿童特定的心理特点。建筑外立面设计通过"元素标记性""环境生态性""经济实用性"三大特性来展现这座国际高端专科医院在新时代的风貌。

宽敞明亮的入口空间，阳光明媚、绿意盎然的公共休闲空间，我们力求打破旧有模式，创造全新的就医环境，充分体现以"病患为中心"的根本设计原则。室内设计采用"七彩虹桥"的设计理念，选用符合儿童心理特点的明快色彩，结合多种活泼造型，打造出一个儿童喜闻乐见的场所。

综上，在上海万科儿童医院设计中，我们充分考虑就医特定人群的内心感受，秉持以人为本的设计理念，打造出了符合儿童心理和行为的充满阳光的建筑环境，使医院真正成为儿童病患之家。

总平面图

2.2 研究型医院的复合功能与空间构成

THE COMPOUND FUNCTION AND SPACE COMPOSITION OF RESEARCH-BASED

HOSPITAL

案例

复旦大学附属肿瘤医院医学中心

上海市第六人民医院骨科临床诊疗中心

中国福利会国际和平妇幼保健院奉贤院区

复旦大学附属肿瘤医院医学中心

项目团队：陈国亮、邵宇卓、杜清、佘海峰、石硕、刘琉、朱学锦、朱文等

以人为本，创造更多可能

复旦大学附属肿瘤医院医学中心是复旦大学附属肿瘤医院深度推进医疗、教学、科研发展的重要举措，也是上海国际医学园区的重要组成部分。

该项目位于上海市浦东新区周浦镇。按照可持续发展的建设理念，项目建设分为两期，其中二期作为医院发展用地，初步规划有肿瘤转化医学、肿瘤康复、肿瘤早期筛选、肿瘤姑息治疗等医疗功能。

我们所作的设计为一期建设项目，基地位于上海质子重离子医院以南，望春花路以北，佛手路以东，康新公路以西。基地被水系和城市道路划分为东、西两部分，东区是包括住院、门诊、医技等在内的"组合医疗区"；西区是由科研楼、动物实验房以、行政办公和生活设施等组成的"后台支持区"。东、西两个地块通过架空的"市政连廊"相联系。

项目总用地面积 54 091 平方米，总建筑面积 95 579 平方米，其中地上建筑面积 74 436 平方米，地下建筑面积 21 143 平方米，总床位数 600 张，地上部分最高 11 层，地下 1 层，建筑高度 49.9 米（结构高度）。

规划设计理念

1. 可持续化

"有机生长，持续发展"是应对未来医疗模式变化的重要策略。项目在设计伊始就考虑预留二期建设发展用地，并将一期功能与二期功能的空间整合列入整体规划中，力求为医院的未来预留更多的变量空间，满足其发展的多种可能性。

2. 人性化

在现代化医院建设中日渐突显的就是"以人为本"的设计理念，从使用者的角度去营造人性化的就医环境，将使用功能与使用场景密切结合，使人们在获得生理层面治疗的同时，获得心理层面的疗愈感受。

3. 现代化

项目采用先进的建筑技术、高科技的医疗设备和信息管理技术，综合统筹和把控建造成本、运营成本和技术成本，凸显整个医院高效率的医疗服务。

4. 生态化

贯彻绿色环保、节能降耗的理念，节约运行成本，实现医院的全生命周期运营。在建筑布局中为自然通风与采光提供更多可能性，尽量不采用大进深的建筑体量，保证病房楼的朝向以南向为主。设计增加绿化空间，提升院区环境小气候质量，全面提升医院整体能级。

规划布局

该项目东建设地块作为核心医疗区，医疗综合楼采用集中式布局进行规划设，高层病房楼为双护理单元的"板式"建筑，位于基地北侧，基地南侧则顺应用地边界布置了门诊、医技等功能；我们在西建设地块的建筑布局着重考虑"洁""污"关系和医院的远期预留发展，将建筑沿用地北侧布局，而配套的污水处理池位于基地西南角的地下。

1. 东区布局设计

一期东区地块作为医疗区，设计有 5 层的门诊楼、4 层的医技综合楼以及 11 层的住院大楼。医疗综合楼位于建筑群中部，东侧为入口广场，与主入口所在的康新公路退让出了足够的距离；住院部位于综合楼北侧；门诊、医技位于综合楼南侧，通过东侧的入口大厅，围合出室外中心庭院。其他配套建筑，如危险品库、液氧储罐、垃圾房等位于基地西侧的角部，远离主体医院建筑。东区的污物出口位于基地西南角，通过市政桥梁，跨七灶港，连接到红曲路。

2. 西区布局设计

一期西区地块上设计建设了三组建筑——7 层的行政科研楼、7 层的生活保障楼和 3 层的动物实验楼，采用线性布局，沿基地北侧长边布置。主入口位于红曲路上，周边是环形道路，南侧退让出大片公共绿地。动物实验楼作为特殊的医院建筑被布局在用地的最里侧，并向周边建筑避让出足够的距离；行政及生活保障楼布置在基地最外侧。我们在以上二者的中间设置了科研楼。行政及生活保障楼、科研楼通过南侧架空的二层平台相互联系，并接入

市政连廊，作为通往东区的"交通要道"。

整个院区根据规划要求设置了若干地面出入口和一条空中连廊，其中医疗区主入口设置在康新公路上，主入口正对门诊入口；在北侧设置医疗区地面次入口，主要担负物流的动线集散；红曲路一侧规划为与行政科研区相对应的出入口；通过空中连廊连接东、西两个片区。不同性质人流进入院区后能够通过不同的入口广场分流。我们沿建筑周围布置了车行环路，形成连接各个主次入口的交通骨架。此外，我们在主次入口附近设置集中的地面停车场，满足医院大量的临时停车需求。

景观环境设计

在该项目的设计中，我们针对景观和绿化设计强调多元化，通过多层面设计构建良好的景观环境体系，为就诊病患和医护工作者营造和谐生态的环境氛围。

我们将景观绿化体系分为四个层面进行设计。第一个层面是积极利用基地周边的现有景观和绿化要素，包括自然水系、人工绿化等。在实际设计中，我们把这些景观点与病房楼、门诊医技楼的人流视线相连接，以达到"借景"的目的。第二个层面是积极利用基地内部的绿化和景观要素，主要以绿地、植被和景观小品为主。第三个层面是积极利用建筑围合出内庭院景观和绿化。第四个层面是积极利用建筑屋面设置屋顶花园。

在我们设计的多层级立体构建的景观体系中，病房楼和门急诊医技楼的布局得以争取到最大化的

景观视线，内庭院的景观和绿化使病患即使在建筑内部也时刻感受到医院环境的美好，无处不在的景致使得这座建筑成为名副其实的"花园式"医院。

我们在院区内部绿地、内庭院和屋顶花园的设计中强调人的可达性，使医患都能够便利地进入这些空间环境。只有这样的设计才能最大程度地深化建筑空间，打造场所精神，对病患的心理产生积极的影响，从而增强对其生理的治疗作用。

立面造型设计

该项目的建筑立面造型设计结合了复旦大学附属肿瘤医院医学中心的长远发展目标，以高起点、高标准来为设计定位，从而打造出该地区具有标志性和时代感的建筑形象。

我们在建筑立面上采用统一的模数与墙面划分的手法，用以产生均衡的韵律感；采用大块面的虚实对比，打造出大气整体的建筑形象；采用玻璃、石材和金属铝板等材料强调建筑的时代感和人性化的设计理念。

局部空间设计

复旦大学附属肿瘤医院医学中心是医院建筑中较为特殊的类型，使用者是癌症病患及其家属和承担较大工作压力的医护工作者。在该项目中，"以人文本、人性化关怀"这一理念体现在建筑的功能、空间、室内外环境设计的方方面面。这些具体的设计手段形成了"肿瘤医院"的设计特色，具体设计策略如下。

1. 入口门厅设计

入口门厅是建筑的起点，我们采用了两层通高的设计手法：门厅长27米，宽24米，室内净高8米。门厅面向中心庭院，建筑边界采用落地玻璃，旨在

营造明亮、通透的室内空间。当病患及其家属走进建筑时，透过落地玻璃可以看到大片的绿地和茂盛的植物，从而感受到生机勃勃的环境氛围。

2. 中心庭院设计

由门诊部、医技部和住院部围合成的中心庭院与每个医疗区都能产生视线关系，这种开放式的空间对话，消除了建筑室内的封闭感，缓解了病患压抑、紧张的情绪。

3. 地下室采光天窗设计

"放射治疗"是治疗癌症的重要医疗手段，因其工艺和构造的特殊性，往往被布置在地下，病患需要在地下空间候诊、就诊。在该项目中，我们在地下候诊区顶部设置了玻璃采光顶。采光顶位于室外庭院内，可将自然光引入地下，大大改善了内部空间品质。

4. 门诊候诊空间设计

门诊等候区位于建筑的南侧，采用大开间式布局。室内采光充足，并且能够最大程度地引入基地周边河道和绿地景观，开敞通透的空间也有利于空气的流通。充足的阳光和良好的景观环境带给病患舒适的心理感受。

5. 住院部屋顶花园设计

对于新的医院设计，我们总是希望能够给住院病患创造更多的活动空间，作为"环境治愈"的实体场所。我们利用医技部的屋顶作为屋顶花园，使住院部人流通过连廊便利到达。花园南向面对公共景观资源，这里既是人们活动的空间，又是人们交流的场所，这里视野开阔，环境优美，是"环境治愈"的理想场所。

科研设施配置

　　为提升医院的医疗和学科建设水平，推广针对肿瘤病的先进诊疗理念和承担临床教学任务，使医院发展成为集医、教、研于一体的战略平台。我们在复旦大学附属肿瘤医院医学中心的一期西地块设置了配套的科研楼和动物实验楼。

　　科研楼内设置了下列功能用房：公共实验区域、分子生物学实验室、细胞学实验室、蛋白组学实验室、激光共聚焦显微镜室、生化与免疫实验室、流式细胞仪室、低温室、零度实验室、组织标本库等。科研楼平面通过标准的模块化设计，各区域之间联系方便，整个区域分为标准实验室（平面占比 32%），特殊实验区（平面占比 12%），实验室支持区（平面占比 17%），科研办公区（平面占比 13%），后勤服务与交通区（平面占比 26%）。其中，实验室采用 3.2 米 ×9.1 米的标准模块，可根据实验规模的要求，相互连通为不同大小的实验区，模块化为实验空间带来了最大限度的可变性与个性化设计。标准实验室布置在建筑的最外侧，有良好的通风与采光。中间靠走道部位是实验室支持区，布置了储存间、细胞培养室、超低温室、器械库房等共用房间，可为两侧的标准实验室提供最快捷的交通联系。端部的特殊实验室可提供更加个性化的实验设备安装与使用。

　　动物实验楼是科学研究的必备条件，也是衡量一个科研单位正规化建设的基本设施。我们在动物实验楼同样采用了模块化的设计，例如针对饲养房间，根据 IVC 笼具的尺寸设定了 3.4 米 ×5.5 米——一种最经济合理的模块尺寸，以使饲养环境流程满足 SPF 等级要求。此外，我们还为动物实验设置了细胞实验室、标本室、解剖室等实验用房。

　　复旦大学附属肿瘤医院医学中心旨在打造一所现代化、人性化、生态化的医疗机构，通过对项目建设全生命周期的深入研究和探索，全面推进肿瘤的多学科综合治疗工作。在功能布局合理的前提下，我们走出了一条现代化研究型医院的实践建设道路。

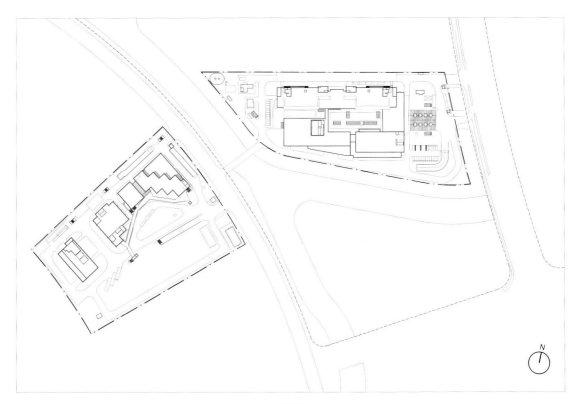

总平面图

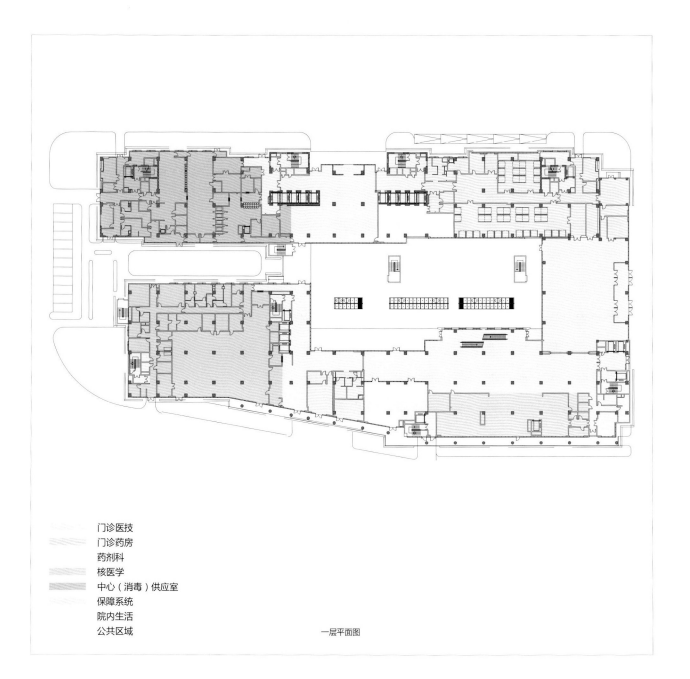

门诊医技
门诊药房
药剂科
核医学
中心（消毒）供应室
保障系统
院内生活
公共区域

一层平面图

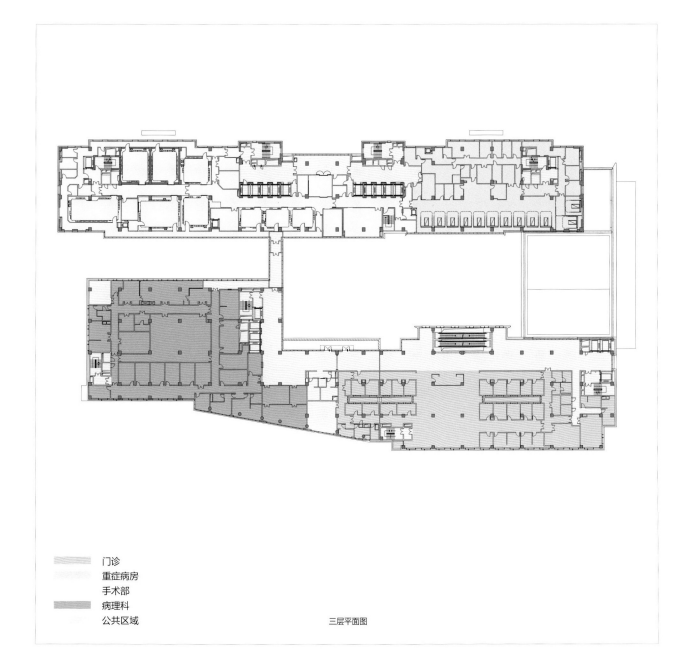

门诊
重症病房
手术部
病理科
公共区域

三层平面图

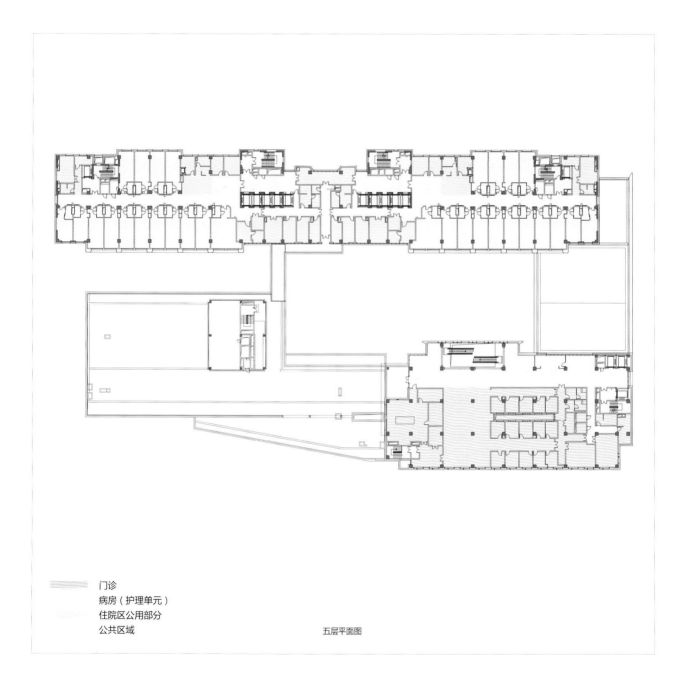

门诊
病房（护理单元）
住院区公用部分
公共区域

五层平面图

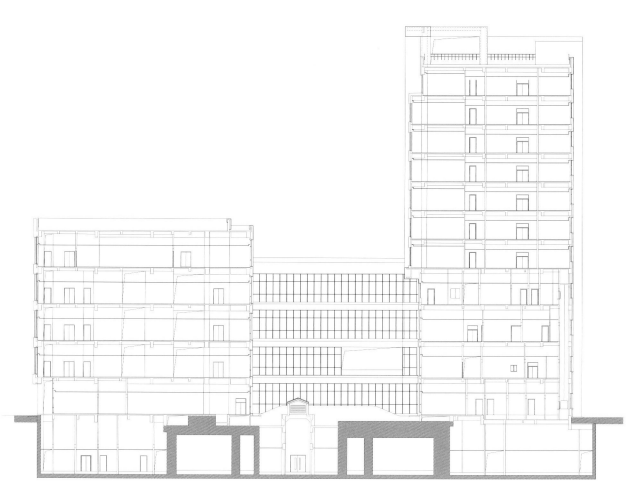

剖面图

上海市第六人民医院骨科
临床诊疗中心

项目团队：陈国亮、郏亚丰、张苾予、徐怡、李雪芝、周宇庆、侯双军、陈尹、徐杰、吴健斌等
合作设计单位：美国 NBBJ 公司（建筑方案、初步设计）

高密、高效、高完成度

上海市第六人民医院始建于 1904 年，2002 年成为上海交通大学附属医院，是一所三级甲等大型综合性医院。围绕"十三五"总体发展规划，为进一步提升医院的核心竞争力，紧紧围绕重中之重的学科深入建设，2018 年，上海市第六人民医院正式开启了新建上海市第六人民医院骨科临床诊疗中心的项目计划，为将骨科建设成为国内一流、国际先进的远大目标提供硬件上的支撑，凸显研究性医院的专科特色，与现代化国际医疗体系接轨。

上海市第六人民医院骨科临床诊疗中心是集医疗、教学、培训、研究为一体的综合医疗中心，其建设目标是成为国内硬件一流、设备先进的创伤急救骨科临床医学中心，充分发挥其作为上海市创伤医学中心、上海市运动医学中心、上海市急性创伤急救中心的作用。

项目位于第六人民医院宜山路院区内，总建筑面积 78 388 平方米，其中地上建筑面积 56 488 平方米，地下建筑面积 21 900 平方米，地上 22 层，地下 3 层，床位数 800 张。

秉持的设计原则

为充分满足现代化医院的建设需求，我们对建筑设计提出了以下五项原则。

1. 21 世纪现代化医院的标准

设计采用先进的医疗设备、建筑技术和信息管理技术，综合把控建造成本、运营成本，凸显高效的医疗服务，全面提升医院整体能级。

2. 以人为本

设计坚持以人为本的设计原则，为病患提供舒适、快捷的良好就医体验，以就医高效性为设计的主要追求目标；为医护人员创造良好的工作和科研环境，以医护员工的舒适工作体验为设计品质的衡量标准。

3. 可持续发展

建筑内部采用具有良好可适性的模块化布局和模数化柱网。这样做不但能节约建设成本，更能满足未来医院功能"新陈代谢"的要求。

4. 功能分区明确、流线顺畅

功能区域模块化，功能结构灵活化，单元流程体系化。此外，各类人流、物流、车流的流线明确，主要出入口具有良好识别性，洁物供应和污物运输严格分流。

5. 园林生态化

将骨科临床诊疗中心有机地融合在上海市第六人民医院整个基地的园林风格中，构建整体绿化系统，最大限度扩大景观环境的空间维度。

总体布局和交通设计

新建的上海市第六人民医院骨科临床诊疗中心位于第六人民医院宜山路院区西北侧，其东侧为南区病房楼，西侧紧靠柳州路，南侧为动物实验楼和制剂楼，北侧与基地之外的上海市食品药品监督站相邻。

我们设计拆除了基地上原有的部分附属设施用房，将其整合进新医疗大楼的功能体系中。拆除部分建筑后的项目用地呈南北向较长、东西向较短的长方形。我们设计将骨科临床诊疗中心大楼布置在基地的北侧，以便在南侧留出较大的入口广场，保证入口的开敞性。地面建筑共22层，限高90米，其中6层为裙房。

该项目分两期进行建设，一期建设主体医疗大楼的地上部分及其地下室，二期建设南侧广场下的地下室。分两期建设的原因是为保证基地南侧原有动物实验楼、制剂楼等的正常运营。南侧广场下地下室原有的锅炉房和配电间等设备用房在一期建设时需要予以保留。一期建设完成后，这些设备用房将转移并入主体建筑，之后再开展二期地下室的建设工作。

临床诊疗中心的主入口位于主体建筑南侧，与新建的道路相连通，从西侧的柳州路入口可以直接到达。同时，大楼周边的道路与医院内部原有的道路系统紧密联系，车流和人流都可以有效连通。清洁物品通过柳州路的入口送达，大楼的污物通过北侧的道路和位于钦州路上的污物出口送出院外，"洁""污"流线互不交叉。

建筑单体设计

上海市第六人民医院骨科临床诊疗中心在功能设置上分为临床诊疗区、科研区、实验教学区三大功能区块。临床诊疗区拥有可服务800床位的40个手术室的手术中心，以及ICU、中心供应、病理科、放射科、功能检查等高精尖医技科室。科研区包括包括两个楼面，共设有24间单人科研病房以及骨科3D打印室、独立的实验区，为院方引进合作单位创造了良好条件。实验教学区设置了手术模拟培训室、机器人手术培训室、远程示教直播室、workshop培训室、关节镜虚拟操作培训室等现代化的培训场所。此外，骨科临床诊疗中心还专门配备了独立的会议中心，以便开展大、中型会议研讨和教学活动。

在功能布局上，我们将临床医疗、科研、教学三大功能进行了集约化设计。主体建筑由南、北两部分组成。北侧部分包含影像中心、创伤急救中心，以及各种门诊室、手术室、麻醉科、教学中心、科研病房等。所有的科研功能均放置在北区的高楼层，与临床医疗功能联系紧密，位置独立且便于管理；南侧为住院部，包括住院大厅、标准护理单元和康复中心。必要时，位于7层的南区普通病房可以改造成与科研区同层的科研病房，为医院未来的发展提供了便利。南、北两侧通过中庭相分隔，并由空中连廊相联系。中庭设置采光天窗，可为两侧的候诊区、办公区提供良好的自然采光。

在交通流线上，我们在主楼北区设置了独立的医护电梯，方便医护人员往来于门诊医技科室、科研用房和科研病房之间；我们在中庭除设有3部住院病患电梯外，还设置了 2 部住院医护电梯，使医护人员能通过电梯和空中连廊与南区的普通病房部分保持紧密的联系。这种因地制宜的布局方式极大地缩短了病患和医护人员的交通流线，提高了水平向的交通效率。

在形态设计上，为满足位于柳州路西北侧居民楼的日照条件，该项目的主体建筑有限高要求，我们在保证建筑最好朝向的基础上采取了退台的形式，既满足了基地周边建筑的日照要求，又为主体建筑争取到了更多的日照和景观条件。另外，退台式的设计又营造了富于变化的建筑造型，可谓一举多得。

在立面设计上，我们充分结合医院的现状和特点，采用了符合当代建筑风格的立面处理方式，用重复性立面模数与墙面划分体现出严谨的规律性；用浅色铝板幕墙和玻璃相结合的水平线条营造出简洁、现代的建筑风格。浅色的主体色调与医院院区大部分建筑的色彩相接近，我们以此使新建建筑与医院中的原有建筑和谐共融。主体建筑裙房部分的外立面采用干挂陶土板，用暖色调在近人尺度上打造建筑的亲和力。

景观绿化设计

作为新建医院，如何将自身的景观绿化结合到上海市第六人民医院的整个基地当中，构建整体绿化系统，并最大限度地扩大景观环境空间，营造出自身的特色，是一项重要的设计议题。

经过反复推敲，我们制订了多形式、多层级、多维度的景观绿化设计方案，打造出由建筑中庭、屋顶退台、入口广场、下沉式庭院、绿化草坪和沿街绿化等共同构成的景观绿化体系，不仅调节了区域微气候，还丰富了景观层次。我们以提高就医环境质量为目标，充分考虑人的活动需求，努力创造舒适宜人的疗愈空间。

保留院区病房楼南侧原有的中央花园，维持原有的绿化格局，同时在新建主体建筑南侧的入口广场周围布置组团式绿化和小品，以丰富入口广场的空间层次。

通过日照控制线对建筑形体进行切割，在建筑外形上形成有序是退台变化，用以布置屋顶绿化，营造出景观层次丰富的"第五立面"，科研和教学区结合退台式的屋顶花园为医务工作人员提供了舒适的户外景观。同样，病房外的退台式屋顶花园也为病患带来了温馨的休息空间。

我们对主体建筑的西南角形体进行了"斜切式"的设计处理，在拥挤的城市环境中打造出一个面积超过 1000 平方米的三角形室外入口广场，成为建筑西南侧主入口大量人员和车辆的有效缓冲地带。

我们将主体建筑部分底层架空，架空部分对街道敞开。病患可以由此进入建筑内部；沿底层架空布置环形车道，舒缓了城市道路交通的压力。架空柱廊结合雨篷界定出建筑的出入口，同时又结合景观作为室外休息区。下沉式庭院结合柱廊，为位于地下一层的教学中心带来自然采光，并形成了会议功能区中的休息空间。

上海市第六人民医院骨科临床诊疗中心是一个用地紧张，外部限制条件严苛的项目，也是一个典型的高密度医院更新的案例。我们通过分期分步的建设节奏、高效集约的布局方式、模块化的功能布置和生态立体的景观绿化，完美诠释了如何应对苛刻的限制条件，在满足现代化医疗设施建设的同时彰显自身特点，打造出具有国际一流水准的专科研究中心。

总平面图

影像科
保障系统
行政管理（学术交流）
公共区域

地下一层平面图

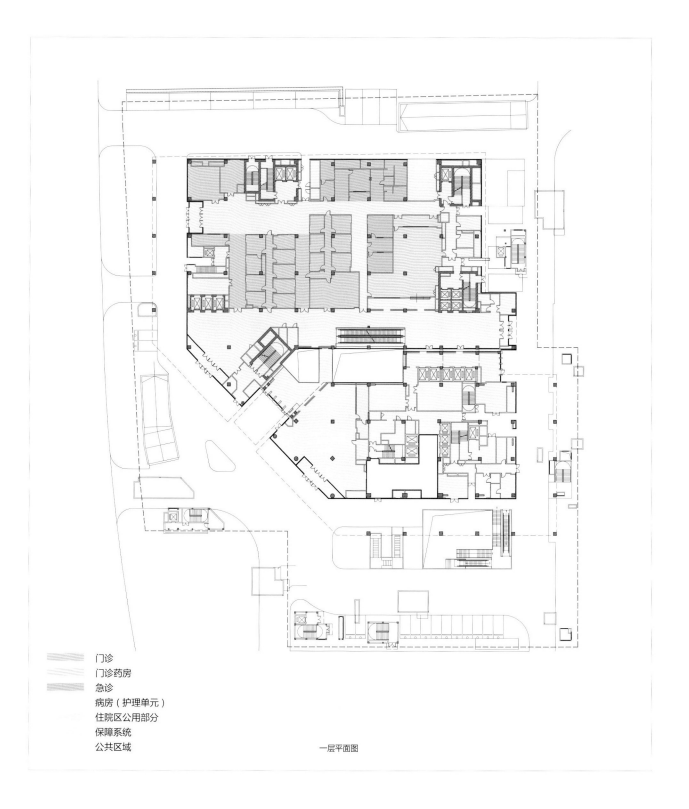

门诊
门诊药房
急诊
病房（护理单元）
住院区公用部分
保障系统
公共区域

一层平面图

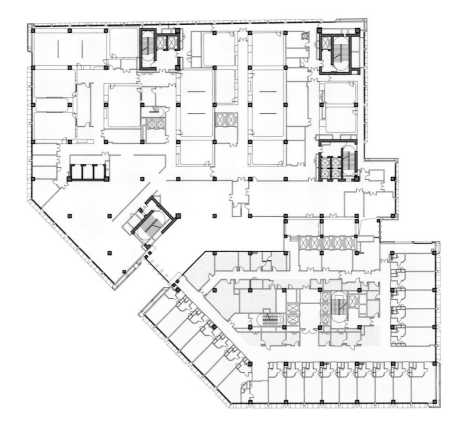

手术部
病房（护理单元）
住院区公用部分
公共区域

四层平面图

病房（护理单元）
住院区公用部分
科研楼
公共区域　　　　　　　　　　　　七层平面图

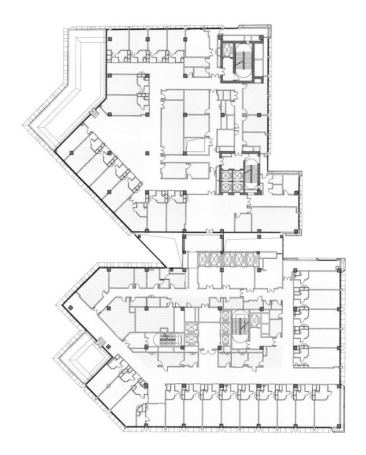

病房（护理单元）
住院区公用部分
科研楼
公共区域

十层平面图

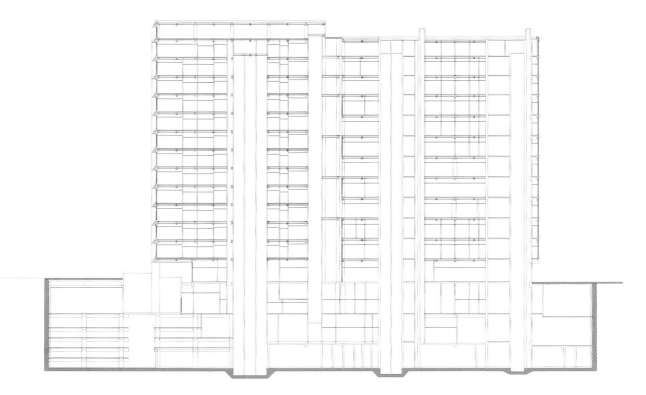

剖面图

中国福利会国际和平妇幼保健院
奉贤院区

项目团队：陈国亮、黄慧、谢珣、钟璐、王亦、殷春蕾、陈杰甫、胡洪等
合作设计单位：法国 BLP 建筑设计事务所（概念方案）

立足当下，着眼未来

中国福利会国际和平妇幼保健院奉贤院区项目基地位于奉贤区南桥东社区 15 单元内，东至公共通道，南至望河路，西至金钱路，北至沿港河。该项目建设用地面积约 66 667 平方米，设计床位数为 500 张。秉承中国福利会"实验性、示范性，加强科学研究"的工作方针，努力将医院打造成一所"科研 + 服务"的一流研究型妇幼专科医院，其发展远景为"建设国内一流医院，打造全国科研标杆"，实现功能集合、管理集约、人才集聚、服务对象广泛的远大目标。

1. 承载新生的"生命之舟"

该项目基地的北面与西面各有一条水质优良的河道，而奉贤区为城区景观重点规划的 7000 亩（约 466.9 公顷）森林公园就位于基地的西南方向，为了将基地附近的景观引入医院院区，我们设计了一个大尺度的"悬浮"景观平台，以寓意国际和平妇幼保健院是带来新生的"生命之舟"。景观平台高于路面 2.5 米，步行至平台的人们可居高看到基地周围的自然景观，同时这个平台还可通过垂直维度分层的立体交通实现院区的人车分流。

中国福利会国际和平妇幼保健院奉贤院区内的各个主要功能空间被整合在形式相对独立完整的一幢综合楼中。我们在综合楼的一层和地下室都设置了独立门厅，将二至三层设置为二级生物安全实验室（BSL-2），将六层及以上设置为 GCP 办公和行政办公等功能。同时，结合各医疗功能区块，我们就近设置示教室、GCP 病患接待室和资料室等，以使科研教学和临床医疗相互依托，互相促进。我们在基地西侧设置了一幢 3 层的科教楼，其中包括阶梯教室、学生宿舍、二级动物生物安全实验室（ABSL-2）和生物样本库等功能。围绕中央花园，我们设计组织医院的各大功能体块，并全局规划各个区域的功能联系以及视觉联系。

在平面布局上，我们妥善处理科教与临床的各功能模块的关系，做到既能便捷联系，又能相对独立，互不交叉，从而促进了科教和临床的相互交流，并有利于医院各类功能的灵活延伸和转换。

中国福利会国际和平妇幼保健院奉贤院区建立以医学实验室为依托的医学研究平台，很好地解决了医、研矛盾，真正达到了研究型医院"围绕临床搞研究，科研成果为临床"的目的。我们作为项目建筑师，根据不同实验室的空间和设备需求，充分考虑其与临床流线的相对关系，将不同类别实验室和办公科研区布置在不同楼层的合适位置，以融合的空间关系、复合的功能内容、便捷的人物流线构成了该项目的基本设计与建设框架。

2. 围合的"花园式"医院

我们设计采用集约围合式的建筑布局，在建筑当中形成中央花园，营造处宁静、舒适的庭院内环境，并围绕庭院合理安排建筑内部的空间功能。充分利用中央花园的环境资源，通过玻璃幕墙的通透视野将室外景观"引入"建筑内部，达到"内外一体"的设计目的，营造舒适宜人的疗愈空间，在服务病患的同时也为医护人员提供理想的工作环境。

3. 开放回廊中国内首创的预制混凝土遮阳幕墙

我们设计的出发点是"打造一个全新概念的回廊空间"。该空间不同于旧式回廊对外的封闭性，而是既具有保护性又开放、透明。我们设计的成功得益于一层轻巧的用混凝土"编织"而成的密度多变的回廊"表皮"——它打造出回廊"开放性"的同时，让人感受到建筑的"宏伟"和"轻盈"。

统一的用白色混凝土预制构件组合而成的规则的网状结构作为建筑的"表皮"，距离内侧建筑外墙 1.5 米——优化了室内光照度，又提供了日常建筑维护检修的简易通道，同时也提高了建筑整体的生态能效，降低了运营、维护成本。

中国福利会国际和平妇幼保健院奉贤院区项目建筑造型独特，以"生命之舟"的美好寓意，在满足现代化医院的功能需求的前提下，充分考虑其基地特征，充分体现了医院建筑"可持续发展"的设计理念。

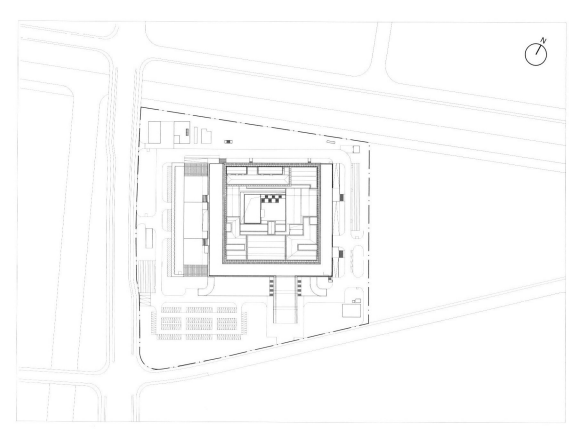

总平面图

2.3 质子重离子医院的核心技术与精准设计

THE CORE TECHNOLOGY AND PRECISE DESIGN OF PROTON HEAVY ION HOSPITAL

案例

上海市质子重离子医院

合肥离子医学中心

山东省肿瘤防治研究院技术创新与

临床转化平台

华西国际肿瘤治疗中心

广州泰和肿瘤医院

兰州重离子肿瘤治疗中心

重庆全域肿瘤医院质子中心

上海市质子重离子医院

项目团队： 陈国亮、倪正颖、贾水钟、张伟程、孙瑜、汤福南、李颜、凌李
获奖情况： 2013 年上海市优秀工程设计一等奖、2013 年全国优秀工程勘察设计行业奖一等奖

十年磨一剑，科技铸辉煌

上海市质子重离子医院是一所以质子重离子放射技术为主要手段的癌症治疗与研究机构。2003—2014年，该项目历经七大重要阶段：前期调研论证、确定引进技术路线、国际招标谈判、基建实施、系统安装调测、设备检测与临床试验准备，以及临床试验。十年的不懈努力终于换来上海市质子重离子医院的竣工和顺利开业，不仅造福于癌症病患，更为推进高端放疗技术在国内的推广应用奠定了重要基础。

上海市质子重离子医院位于浦东新区国际医学园区内，依托于复旦大学附属肿瘤医院的强大临床和科研能力，重点进行质子重离子放疗的放射生物学研究及其相关技术规范的建立，是集医疗、科研、教学于一身的现代化、国际化肿瘤中心。

该医院使用的放疗系统由德国西门子公司生产，作为领先世界水平的尖端科技医疗设备，首次在国内整套引进，在诊断治疗和新技术应用上，大大提升了上海肿瘤医学的国际竞争力，填补了国内相关领域的空白。

上海市质子重离子医院的项目基地位于上海浦东新区 A4 七灶港以北，周邓公路商业带以南，一号河以东，横新公路以西，总占地面积 144 667 平方米，其中净建设用地为 126 667 平方米，代征地 18 000 平方米，在基地南北侧为医院二次扩建的预留地 72 667 平方米。我们参与的工程一期建设包括质子重离子放疗及其配套的门诊、医技、病房、行政、后勤等功能，总建筑面积 52 857 平方米，规划床位数 220 张。

基于科技服务的设计思考

由于该项目具有周期长、成本大、要求高的特点，所以要求设计团队必须充分了解系统工艺的特点和需求，提供个性化的建筑整体解决方案。我们的设计满足了放疗系统对建筑不均匀沉降、微振动、屏蔽、流程控制等问题的极高要求。随着医疗技术的升级换代和建筑应用科技发展的日新月异，医院建筑也呈现出智能化、现代化、人性化的发展趋势，我们的设计对此也做了充分考量。

完善的总体布局

在该项目中，我们严格按照放疗系统的工艺要求，结合总体规划，在建筑布局上坚持贯彻"安全第一"的原则，从医疗规划入手，考虑建筑的生长性，在用地范围内预留充足的扩建用地。

该项目一期建设用地南北向长约 193.5 米，东西向长约 328 米。我们在充分考虑医疗模式转化的前提下，采取了相对集中的建筑布局，并在基地中确立东西向的景观主轴和南北向的功能发展主轴，将医院的四大功能区组成核心医疗区，充分利用地下空间，整体布局紧凑。

医院的各功能区以南北向为主要朝向，以此可获得良好的日照和通风条件。我们在空间组织上注重医院内外的环境营造，充分体现"人性化服务""数字化医院""生态化环境"和"现代化管理"的优良建筑品质。

有序的功能流线组织

作为一所特殊的专科医院，除了和普通医院同样的常规功能和流程外，上海市质子重离子医院还需对质子重离子放疗设备以及其他放疗设备在使用过程中的人流和物流进行严格的总体控制。因此，在总体交通流线设计中，我们十分注重医院内外人流、物流的交通组织及其与出入口关系的协调，严格执行动静分区和"洁""污"分流的设计原则。

我们将核心医疗区主出入口设置在基地东侧；将核心医疗区地下室设计为一整体连通的区域；在地面以上的建筑中部设架空连廊，将四大功能区紧密联系起来。另外，我们在设计中还充分考虑了二期建设时连廊向北和向南延伸的可能性。

全方位的安全性设计

为保证放疗系统的安全运行和病患的安全就医，我们全面展开了微振动、微变形设计，公用设施系统设计，重离子治疗功能区域（以下简称"PT区"）综合管线设计，防护屏蔽设计，消防设计，以及流程控制设计等多项专项的设计、研究工作。

1. 微振动、微变形设计

为保证质子重离子放疗区设备运行过程中不受建筑外部环境与建筑内部其他设备振动传导的影响，经实地采样观测和计算研究，我们采用了浮置地坪等各种不同的微振动、微变形控制设计手段，以满足严苛的安全使用要求。

2. 公用设施系统设计

公用设施系统指单独为质子重离子系统配套设置的工艺冷却水系统。为达到99.9%的开机率目标，由我们自主设计、安装、调试以及运营管理的工艺冷却水系统可以在质子重离子放疗设备能量发生剧烈变化的情况下，保证进口温度、压力等参数的控制精度。

3. PT区综合管线设计

质子重离子放疗系统包括离子源、同步加速器、4个固定线束治疗室、笔形扫描技术系统、高精度病患定位和影像验证系统、呼吸门控系统等多个核心设备系统，加速器能量最高可达430MeV。针对质子重离子放疗设备复杂的工艺要求及其对环境条件的苛刻限制，通过精心设计，我们在有限的空间内对各类设备和管线进行了高效有序的安排。

4. 防护屏蔽设计

该项目的主体系统机房区域需要根据射线屏蔽剂量确定屏蔽设计的厚度值。我们设计的这类空间由很厚的混凝土包裹，除管道和逃生通道外，与其他区域完全隔绝，以避免高能量质子重离子的泄漏，而与外界相通的管道和通道也都像迷宫一样，因为需要通过多次转折才能达到屏蔽的目的。在设计中，我们还采用了防护屏蔽门和门禁系统，治疗室内均采用防静电地板，地板下同时预留空间用于安装设备支架和相关管线。

5. 消防设计

在该项目的设计过程中，我们遇到了很多重要的消防难题，例如装置隧道区域与治疗区域作为一个整体，其防火分区面积已经超过了规范要求；局部空间升高占用了地下一层、地面一层和二层的高度，导致无法使用防火分区进行平面上的分隔；治疗前区由于特殊的平面展开布置形式及其位于建筑中部的关系，如果划分成若干消防分区则无法满足功能使用要求及其对外设置独立出口的要求。针对以上问题，按照市消防局审核部门给出的指导意见，我们对设计进行了修改和完善，具体的消防设计策略如下：① 将地下部分的装置隧道区域、治疗区域作为医疗设备区给予特殊处理，将治疗前区作为准消防安全区，加强该区域的门窗防火等级，并同时加强该区域的消防设施建设；② 其余部分按照现行规范划分分区；③ 向下沉式中心景观区开口，并设置室外楼梯。

多角度的景观与功能设计

我们的设计始终以"可持续发展"为主题，在紧凑的建筑布局中强化中心景观轴，构建绿化体系并兼顾医院布局的未来发展趋势。医院的下沉式中心景观广场在结合景观布置的同时，为地下医技区、门诊楼、入口门厅、质子区等候大厅和医生办公区提供了充足且柔和的自然光线和宜人的工作环境。

作为医院的核心区域的质子重离子区域共设有4间治疗室，其中3间为90°水平束、1间为斜45°束治疗室。该区域的病患等候区相对开敞，朝向基地中央的下沉式中心景观广场的区域有大面积的开窗，同时顶部亦设置天窗，将室外景观和自然光线引入室内，为病患打造了一个既安静又充满情趣的候诊环境，使他们可以为即将开始的放疗做好充分的心理准备。治疗室外侧的大跨度采光长廊采用屋顶天窗来补充自然光照。

我们在门诊楼、行政楼和地下室中心供应区也采用了局部的屋顶花园或下沉式花园的设计手法，充分引入阳光和绿化，使每个区域的窗外都充满绿意，从而打造出一个生态环保的宜人环境。

门诊功能区的设计采取模块区域的设计手法，以方便日后功能的扩展与变化。我们在南向面对中心景观轴处设置了地下一层至二层的通高中庭，既结合了内部的交通廊道，丰富了内部的空间层次，

又成功地将室外的阳光和景观引入室内。

对于医院的环境设计，我们充分考虑内与外的连通，将自然景观、庭院与候诊空间有机结合。病患可直接步入庭院中散步、小憩，欣赏生机盎然的绿植和波光粼粼的池塘，而小型喷泉、石凳石椅、铺路图案、攀爬花架等小型造景为病患提供了休闲场所中的种种情趣，使病患在舒适轻松、安逸幽雅的环境氛围中获得良好的心理感受。

我们采用低密度的建筑设计，结合屋顶花园和下沉庭院的景观设计，极大地减小了地下公共空间和大体量建筑带给人的压迫感。

现代、简洁的造型

我们以适合医疗功能紧凑布局的简洁规整的建筑形体，通过建构的手法，弱化了质子重离子放疗区的建筑体量，整合建筑表面质感的处理，使建筑在协调统一中又富于变化。

我们在主入口处使用大尺度柱廊形成半室外空间，既统一了放疗系统区和门诊区的不同尺度，又提供给使用者一个良好的室内外过渡空间。有趣的是，现在这个过渡空间已成为最受医护人员喜爱的地方，经常可以看到各种团队建设活动在这里开展。

上海市质子重离子医院作为中国首家拥有质子、重离子两种技术的医疗机构，于2014年6月15日成功完成了首例临床实验——运用重离子（碳离子）为一名71岁的癌症病患进行了第一次"立体定向爆破"治疗，这是具有划时代意义的，因而该项目的设计和建设同样具有重大的现实意义和示范价值。

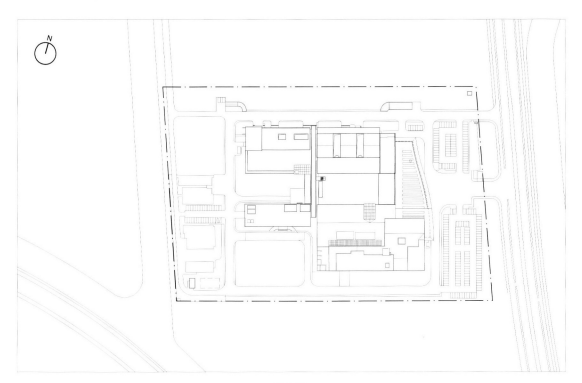

总平面图

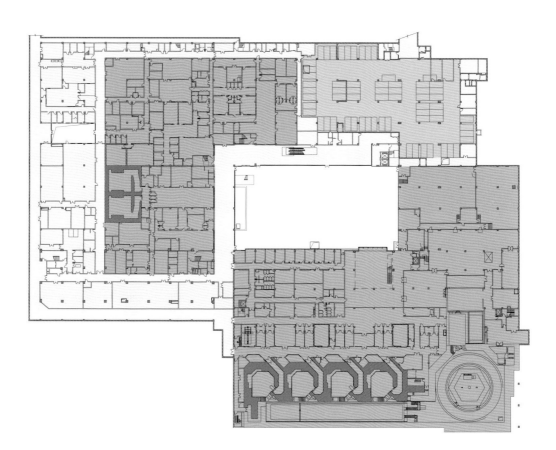

质子设备及配套（放疗区）
设备机房
公共走廊
停车场

地下一层平面图

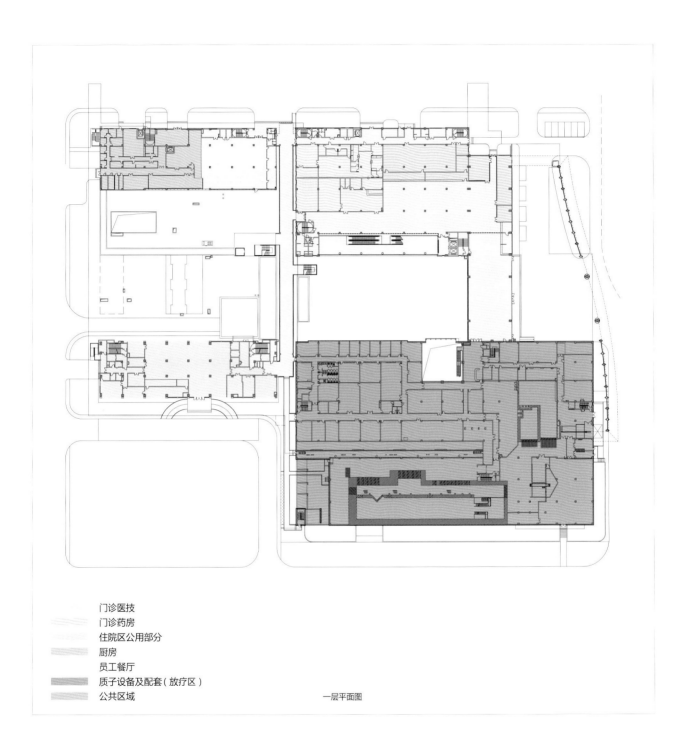

门诊医技
门诊药房
住院区公用部分
厨房
员工餐厅
质子设备及配套（放疗区）
公共区域

一层平面图

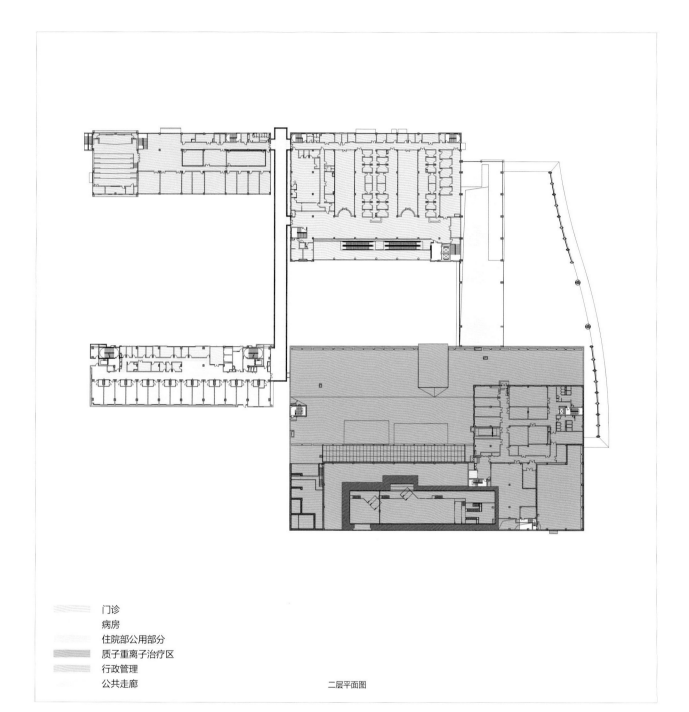

门诊
病房
住院部公用部分
质子重离子治疗区
行政管理
公共走廊

二层平面图

立面图

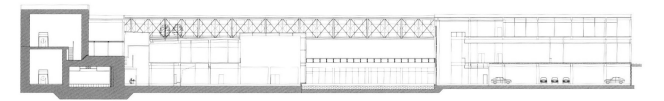

剖面图

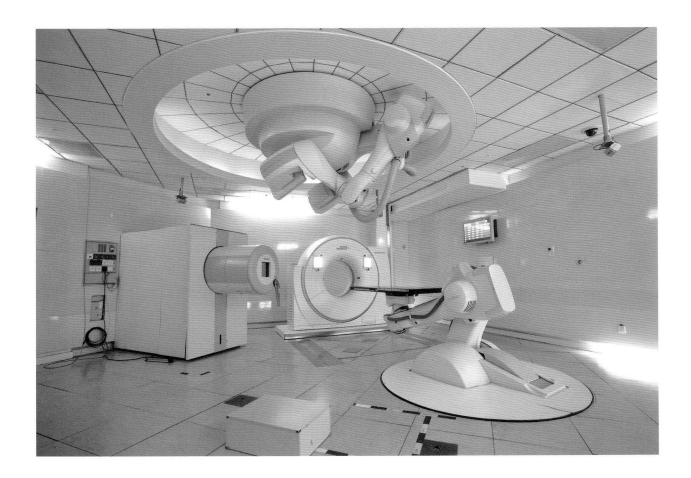

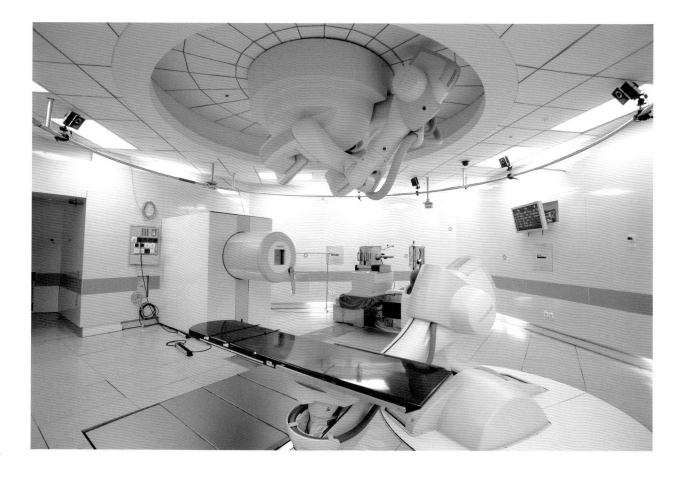

合肥离子医学中心

项目团队： 竺晨捷、陈国亮、邵宇卓、王沁平、焦运庆、张伟程、滕氾颖、万洪、钱峰、王纯久等
合作设计单位： 美国 Stantec 公司（建筑方案、初步设计）
获奖情况： 2021 年上海市优秀工程设计一等奖

自主＋合作，突破创新

在国家全面推进实施制造强国的大背景下，2017年1月，合肥综合性国家科学中心正式成立。合肥离子医学中心作为其中产业创新转化的平台之一，依托国家大科学工程，以"自主＋合作"的创新模式，设立质子治疗和自主研制两个项目主体，规划建设集离子医疗技术研发、治疗、培训、数据化处理中心以及高端医疗装备研发、关键部件制造、系统集成和产业化两个公共平台为一体的创新科技基地。

合肥离子医学中心项目位于安徽省合肥市国家高新技术产业开发区内，长宁大道与燕子河路交叉口东南侧，基地占地面积 46 214 平方米，总建筑面积 33 474 平方米，中心由医疗主楼和若干配套设施组成，是集肿瘤诊断治疗、质子超导技术临床应用研发、质子装置教学培训为一体的综合建筑。我们参与的项目建设用地位于基地北侧，用地面积 46 214 平方米。

该项目在国内首次引进具有国际高端技术的由美国瓦里安（Varian）提供的 ProBeam 质子治疗装置，用于肿瘤的精准治疗。作为世界先进、国内一流的质子治疗中心，该医学中心每年可为 2000 名肿瘤病患提供治疗。

整体设计策略

1. 以人为本的设计理念

我们的设计始终坚持"以人文本"的设计理念，从"利医利患"的角度，深入思考如何在设计中全面体现"功能服务于人"的核心价值观，注重患者的就医体验。

我们制定的整体设计策略是将使用功能与使用场景密切结合，营造人性化的就医环境，使人们在获得生理层面治疗的同时获得心理层面的疗愈。

2. 集约高效的规划布局

合肥离子医学中心用地紧凑，我们采用了分区明确的总体布局，在预留基地南侧为该医学中心预留发展用地的基础上，整合医疗功能，将医疗综合楼栋布置在一期地块东侧。建筑体块的错落叠合在营造丰富视觉效果的同时，与基地产生了有趣的互动关系，配合基地交通系统和景观绿化营造出多样化的场地空间。

我们将该医学中心的院区主入口设置在基地西侧的长宁大道上，出于对就医便捷性的考虑，基地内侧相应规划出大面积的地面停车区域，使从主入口进入的机动车能够就近停放。这样的设计解决了医院就诊停车难的问题，为病患提供了人性化的便捷服务。

该医学中心的院区次入口位于基地北侧的燕子河路，院区的服务入口也被布置在同侧。我们采用景观绿化作为隔离带，既保证了出入口便利的可达性，又确保不同功能动线的彼此独立，互不干扰。

3. 逻辑清晰的院区交通流线

在交通流线组织方面，我们结合院区的集中式布局，围绕医疗综合楼设置了主要的车流环路和主要的步行环路。车流环路在内，以确保其与建筑各方位入口的紧密衔接，提供快速便捷的就诊路线；

步行环路在外，结合基地内景观绿化和公共庭院的布置，又借景于基地外的城市河流景观，我们将人工造景与自然水景完美结合，打造出医院内部的特色室外活动空间。

医院的洁物流线主要使用院区西侧的主入口，污物流线使用院区北侧的服务入口，互不交叉，满足了相关设计规范的要求。我们设计的院区整体流线系统逻辑清晰、目的性明确。

4. 科学合理的建筑设计

对于建筑内部空间的设计，我们以"功能集中，弹性应用"为目标，同时考虑人性化空间的需求，合理进行各功能区的规划。我们将各主要交通体结合医疗功能进行布置，以规则的柱网和模块化的空间，争取更多的空间灵活性与可变性。

医疗综合楼入口大厅的设计不再局限于传统医院中的出入院受理、收费、导医等功能，我们将其空间进一步扩大，引入银行、咖啡店和休憩区，甚至引入了相关文化设施和绿化，通过建筑内部高大共享的公共空间，营造出轻松的氛围，以减轻病患压力。

在候诊区和公共部位的走廊，我们充分利用室内靠窗的采光区域设置休息区，采用大面积的透明玻璃让室外环境和室内空间进行直接的交流与对话，为病患和医护人员提供了阳光明媚的诊疗环境以及更多与自然亲密接触的机会。

在整个医院空间中，住院部的病房是病患需要长时间停留的地方；所以，在这个区域的设计中，我们考虑最多的就是如何打破空间的沉闷和单调，给予病患温馨和被关爱的感受。我们将病房和医护

办公休息区围绕两个室外庭院进行布置，冗长的走廊因此具有了节奏感和空间层次，显得生动活泼。在室内色彩上，我们选用了木色和浅米色，以此产生宁静、温馨的感觉，非常适合病患的休养环境。

对于该医学中心的建筑立面，我们采用了简约的现代风格：使用砖红色的陶板强调建筑的体块感，使用整体的横向线条使整个建筑显得舒展、有力，使用银灰色窗框进行点缀以使立面的造型更加丰富。所有建筑材质的运用既统一又虚实有致、富于变化，凸显了立面质感的层次性，形成了简洁统一和稳重大气的建筑个性。

5. 有机生态的绿化景观

结合基地现状和建筑形态，我们采用线性的设计手法，穿插、塑造"流动"的景观空间，使得该医学中心的室外空间活泼又不失稳重。同时，针对不同区域，我们分别塑造各自的环境氛围，营造出舒适、和谐、丰富的院区景观。

具体到建筑设计中，我们将三层住院部围绕两个室外绿化庭院展开布置，其中病房设在庭院的南侧和西侧（北侧是医生办公区），拥有良好的朝向和视野。三层设环通外廊，病患可在不同的天气里在外廊散步，欣赏庭院风景。

特色技术创新

合肥离子医学中心引进的 ProBeam 质子治疗装置需要设置 3 间旋转机架治疗室、1 间水平固定束治疗室、1 间研发用治疗室及其配套的工艺机房。

质子治疗装置的工艺要求极其严格，对于所处环境的结构微振动，混凝土表面的平整度和预埋管线的精度，环境空气的温度、湿度、悬浮物，以及工艺冷却水控制系统等都有高要求的规定性指标。因此，我们在设计中使用了更多的缜密的处理手法，以保证治疗装置的顺利运转和使用。

1. 管线设计

质子治疗装置需要预埋在混凝土墙体里的各机电管线繁多，且预埋管出口位置要求必须精确到位，管线进出各区域需设置"S"形弯……这些在二维平面图纸上无法完整地表达。因此，我们利用 BIM 三维模拟图像技术来安排各管线的位置，并在钢筋和管道预埋完毕后，进行施工现场的 3D 扫描，随即将扫描结果与 BIM 模型校对误差，以确保管线的精确度。根据施工完成后的统计，质子治疗装置在混凝土墙里预埋的各类设备管线总长 3 5000 多米，预埋的设备管线接入点 812 个。为了方便设备管线现场穿线识别，我们在管线接入点上设置了永久二维码，通过手机扫描即可获得是管线信息。方便日后质子治疗装置的保养与维护。

2. 振动控制设计

在质子治疗装置运行的过程中，要求建筑物基础底板振动的最大振动速率不应超过 100μm/s。据此，振动控制采取现场实测和数值模拟计算分析两种方法，分阶段测试，进行动态设计，以增大质子区底板刚度，提高其自振频率，并且在振动影响比较大的机电设备机房地面设置浮置楼板，以满足质子装置安全运行的要求。

3. 基础设计

该项目采用桩筏基础，设计增加筏板厚度，增加单桩抗压承载力和水平承载力，用于满足质子区对底板沉降的严格要求（沉降速率小于 0.2mm/10 米 / 年）。

4. 辐射屏蔽设计

质子治疗装置在正常运行过程中会产生大量辐射，屏蔽设计至关重要。我们设计采用最经济的屏蔽材料——混凝土。该项目最厚处的混凝土墙厚度达 4 米。随之，大体积混凝土的自身裂缝控制成为设计中的重中之重。通过多次的试块实验，相关人员对混凝土浇筑时的环境温度、混凝土的入模温度、添加剂的选择，以及养护期的湿度控制等均给出详细的参数，确保建筑设计满足了所有控制要求。

5. 冷却系统设计

工艺冷却水用于为质子治疗装置降温，保障其在允许的温度下安全运行，而束流线内的磁铁、回旋加速器、配电间的配电柜，以及低温压缩机等也均有不同的水温控制。设计要求在装置运行瞬间发热时，要将设备温度控制在 ±1℃内。我们通过设计将工艺冷却水分设成若干个 1 次和 2 次回路，从而确保了装置设备的运行温度始终被控制在允许值范围内。

合肥离子医学中心建成后将成为世界先进的集光子和质子放疗为一体的放射性肿瘤治疗中心，后续将依托质子放射治疗中心为发展基础，继续建立质子治疗培训中心、国际学术交流合作中心、肿瘤病患大数据处理中心以及放射医学医疗研发中心。此外，该医学中心还将通过引进国际先进成熟的放疗设备，研究和消化进口装备的技术，建设肿瘤转化医学研究平台，打造国家离子医学及其运行管理人才培养中心，建立国际超导质子加速器研发中心，建设质子放疗系统产业化基地。我们将继续努力，用精良的设计为我国未来高科技医疗建设领域的发展做出贡献。

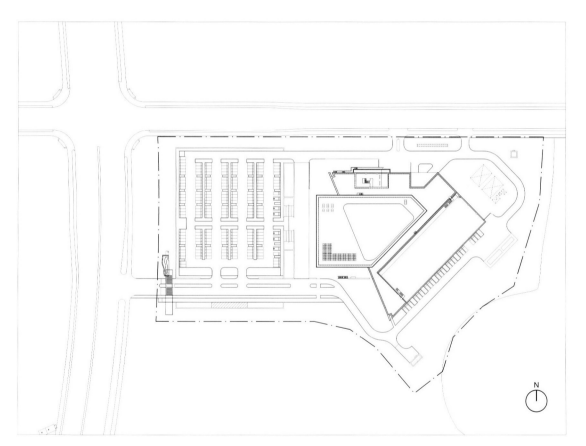

总平面图

麻醉及恢复区
建筑配套
光子预治疗区
预治疗区
质子设备供应商区
公共区
公共走廊
科研区
员工（休息）区

一层平面图

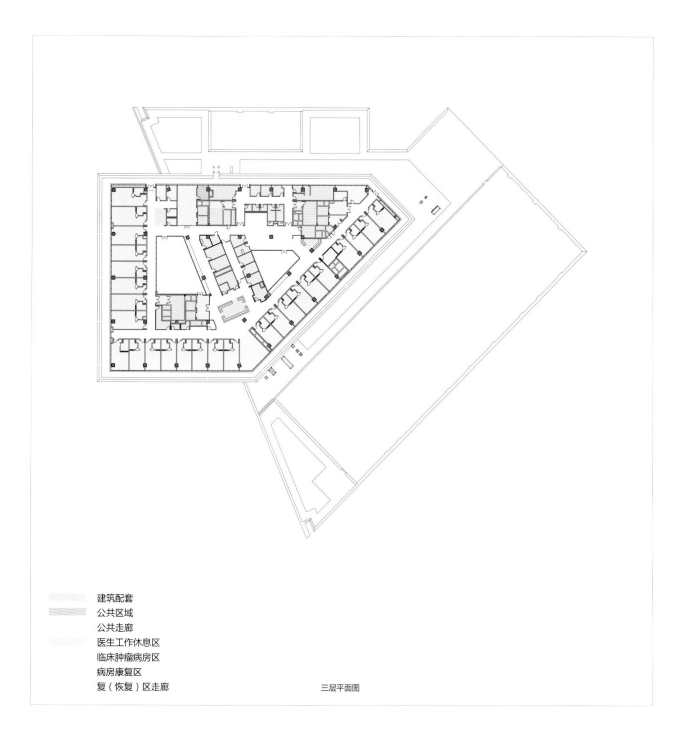

建筑配套
公共区域
公共走廊
医生工作休息区
临床肿瘤病房区
病房康复区
复(恢复)区走廊

三层平面图

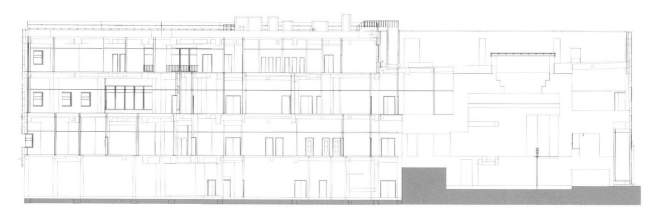

剖面图

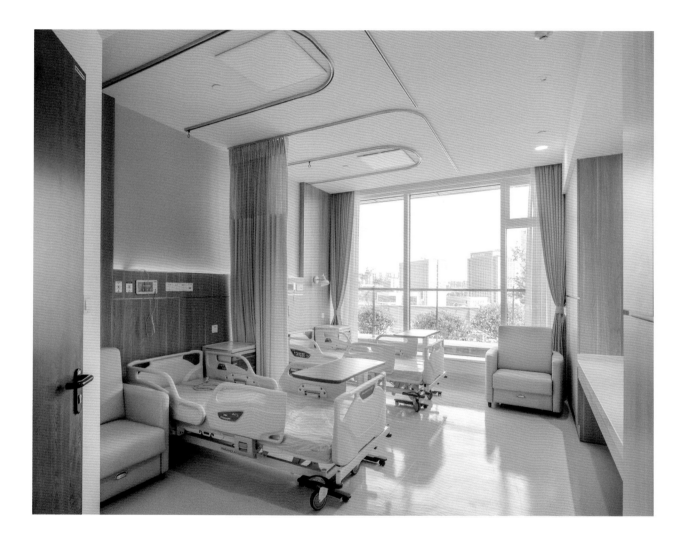

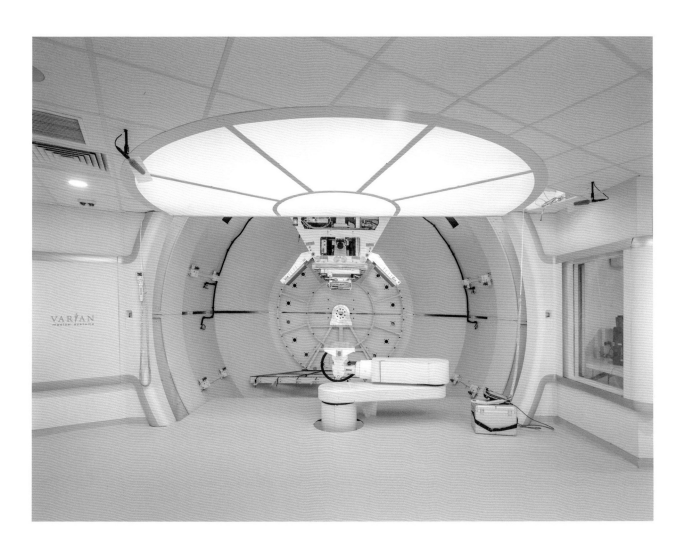

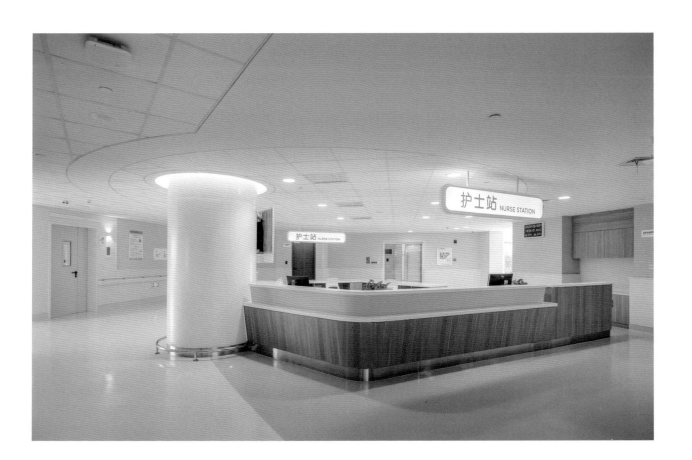

山东省肿瘤防治研究院
技术创新与临床转化平台

项目团队：陈国亮、竺晨捷、邵宇卓、蒋娱璐、王纯久、王沁平、万洪、
滕汜颖、钱峰等

绿色环保、攻坚克难

山东省肿瘤防治研究院技术创新与临床转化平台项目坐落于济南市国际医学科学中心，是该中心的重点示范工程。项目建成后将成为立足山东、辐射全国、影响东北亚的以肿瘤治疗与研究为特色的高端医疗中心与临床转化平台，"绿色环保、高端引领、创新合作、地标示范"的设计理念始终贯穿项目的全周期建设中。

项目地块位于济南城西，京台高速以西，烟台路以北，毗邻济南西站，市政配套条件成熟。规划总用地面积 37 417 平方米，总建筑面积 88 350 平方米；地上建筑面积 56 795 平方米，地下建筑面积 31 555 平方米；地上 21 层，地下 2 层。建筑高度 106.2 米。

总体规划设计

该项目的整体布局以南北和东西两条景观轴线为基本骨架，以此来组织和串联室内外空间。建筑布局形式为"一体两翼"："一体"即指 21 层医疗综合楼，"两翼"指地块东侧的质子中心和西侧的国际会议中心。"一体两翼"象征着"大鹏展翅之势"，寓意对院方肿瘤临床与研究的事业走向"国内领先、国际一流"的美好期许。

1 号医疗综合楼包括 4 层裙房和 17 层塔楼，涵盖质子治疗装置、体检中心、中日韩肿瘤防控中心、国际学术交流中心，以及病房和行政办公等功能。2 号质子维护楼为质子设备配套设施，以引进质子治疗装置、临床医技、科研教学以及学术交流为主要功能。5 号医疗健康技术推广中心大楼作为

医学园区的展示平台使用。

平面功能构成

该项目的主要建筑功能为医疗、科研、办公、医护休息、400 个停车位（战时人防）、机电以及后勤辅助用房等。具体要求是：医院开放床位 300 张，万级手术室 2 间，直线加速器治疗舱 5 间，质子旋转治疗舱 3 间，质子眼线治疗舱 1 间。此外，医院还需配套相应的标准科研楼层、倒班医生住宿楼层、医生办公会议楼层和医患就餐楼层等。

通过设计，我们将各功能进行竖向组合，集中化布置，以高效的竖向交通连接各功能区域。高耸、轻盈的建筑体量一经落成便成为国际医学科学中心的地标。

建筑造型与立面处理

我们根据平面功能布局设计建筑造型，以形式和功能要求为准绳，以理念和项目立意为导向，追求明快而具有开放感的设计，以清晰、端庄的建筑形象展示出现代化医院的特征：

（1）以"简洁大气、经济环保"为主线，虚实有致，形成稳重、细腻的建筑风格。

（2）用铝板和大面积落地玻璃窗等强调建筑的庄重感和"人性化"的医院设计理念。

（3）在立面上采用统一的尺寸模数与墙面划

分，以产生明确、严谨的规律性；采用大块面的虚实对比和层次鲜明的立面质感打造出富有整体感的建筑形象。

（4）利用设计手法营造出面对主干道和过往行人不产生压迫感的立面形象，以大面积落地玻璃形成通透明亮的建筑氛围，从而减轻医院黯淡压抑的气氛给病患带来的不安心理。

攻坚克难的设计

1. 秉持"绿色医院、和谐景观"的设计理念

在该项目中，我们将放射科、核医学科、放疗科、质子放疗科等集中布置在地下一层，以方便病患就诊。同层设置了 3 个下沉式庭院，将阳光、绿植与室内空间融为一体，为病患和医护人员提供了一个舒适、明亮的诊疗环境。

我们以"观赏、互动、科普"为设计原则，打造出地面、屋顶、下沉庭院景观与建筑立体渗透的灵动空间。建筑主入口椭圆形的喷泉广场结合弧形大雨篷，象征着"拥抱新生命"，给予病患积极的心理暗示。

建筑采用外保温、自遮阳、透水地面、雨水回用、智能控制与监测、节水节电设备、太阳能预加热和空调热回收等节能设计措施，为建设现代化科技型绿色医院提供了有力支撑。

该项目从设计之初就秉持"绿色建筑、和谐景观"的设计理念，良好的生态环境以及医患的需要与感受是我们设计时考虑的第一要素。因此，该项目无论是院区的整体规划还是单体建筑的室内外设计都在满足医疗技术功能运行顺畅的前提下，更为人们提供了一个绿色、有机、舒适、优美的诊疗环境。

2. 契合工艺特征的质子区设计

质子治疗装置包括 1 个回旋加速器、3 个旋转治疗舱和 1 个固定治疗舱。复杂的操作流程、超规范的消防设计、超厚混凝土墙板、结构微振动和微沉降控制、电网谐波控制、高精度大型预埋件等均是质子装置配套建筑设计特有的难点。

我们通过跨专业、多单位的多次联合研讨，辅以 BIM 技术的全程模拟，通过钢筋和管线预埋后的三维扫描与精准复核以及试块模拟建造等手段为缩减工期和解决装置设计的难点提供了有力保障。需要解决的主要技术难点如下：

（1）振动速率
根据质子设备要求，微振动控制需要满足 VC-A 的建筑物基础底板振动的最大振动速率不大于 100 μm/s 的要求。根据建筑所在地振动源情况，微振动测试在施工过程中采取了减振措施验证和施工后振动测试验收两种方式。

（2）差异沉降
质子区的沉降观测除不得低于常规建筑的观测要求外，还需满足质子设备供应商对质子区建筑的差异沉降要求（超过 10m 的长度范围内差别沉降必须 ≤ 0.2 毫米 / 年）。

（3）高精度管线预埋

质子治疗设备的安装对机电管线出墙点位精度要求极高，偏差必须小于 3 毫米，同时必须满足钢结构预埋件的精度要求（预埋件水平精度 ±5 毫米，中垂直精度 ±2 毫米）。

质子区机电管线排布大部分需穿结构墙和暗柱，为保证管线自身和混凝土墙体的防辐射屏蔽满足环评要求，所有留洞部位应在模型中进行钢筋深化，实行断开和补强措施。

（4）大体量混凝土预埋

大体量混凝土预埋所涉及的机电管道系统多且复杂，包括工艺冷却水、技术气体、电气 PVC 管等，多达 35 个子系统。管线总长度约 500 000 米。

（5）管线特殊要求

质子治疗系统对所使用的机电管线安装有着特殊的要求：线管安装中心间距不小于管道最大管径的 3 倍，管线最少 2 个弯，最多 4 个弯，管件弯曲半径 500 毫米等。

（6）全过程 BIM 应用

该项目采用全过程 BIM 应用，即设计中采用 BIM 建模协同；技术施工中应用 BIM 模型模拟；在钢筋和管道预埋完毕后，进行三维扫描，结果输入点云模型与设计模型精准复核，校对误差。在完全符合技术要求的前提下，一次成型。全过程 BIM 应用能够极大缩减拆改成本和施工工期，切实降低施工成本，提高施工效率。

（7）消防

由于质子装置束流线隧道疏散距离超长，突破了现行安全设计规范，因此需要消防局的特批：① 电气专业，在束流线和旋转机架处设置烟感和空气采样措施。② 暖通专业，在束流线和旋转机架处参照机房设计，不设消防排烟，设置事故排风。③ 给排水专业，在束流线和旋转机架处设置高压细水雾，不设消火栓。

质子治疗装置为国外先进的针对肿瘤病患的靶向治疗装置，代表着国际先进的医疗水平。山东省肿瘤防治研究院技术创新与临床转化平台项目依托于山东省肿瘤防治研究院领先国内的肿瘤学科水平，力争成为"国内一流、国际领先"的高端医疗中心。与之相应的建筑设计攻坚克难，以柔和的曲线形体结合下沉庭院、屋顶花园与集中绿地塑造出层级丰富的立体景观，打造出理想的疗愈环境。

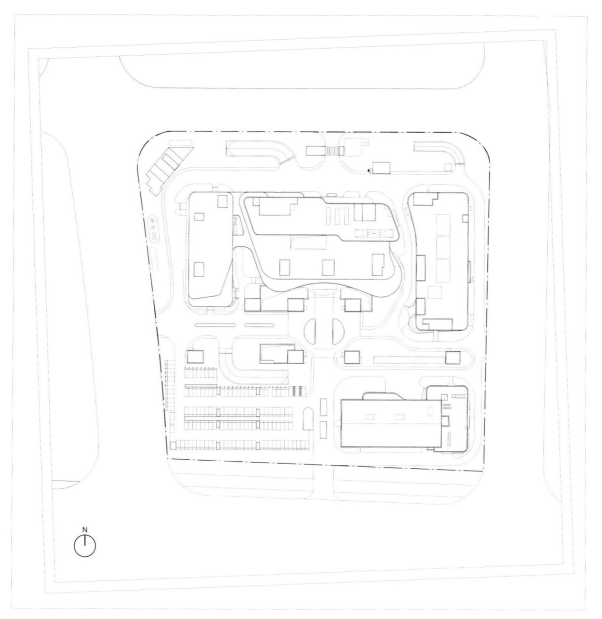

总平面图

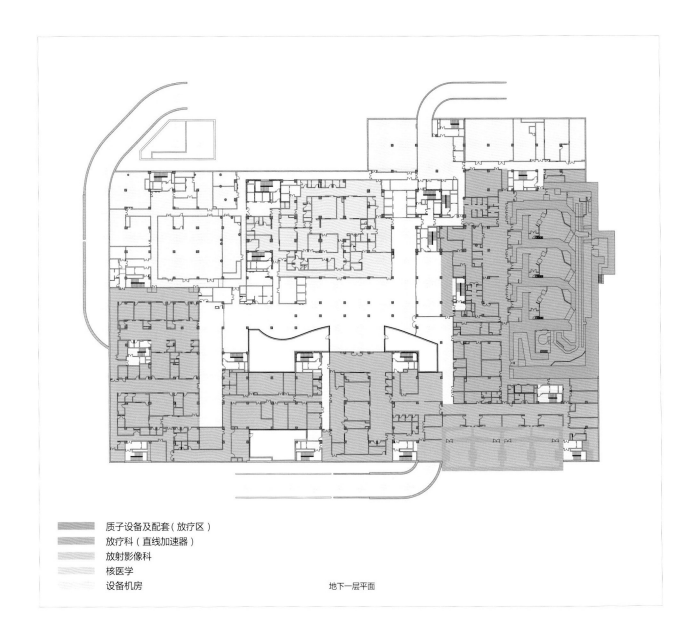

质子设备及配套（放疗区）
放疗科（直线加速器）
放射影像科
核医学
设备机房

地下一层平面

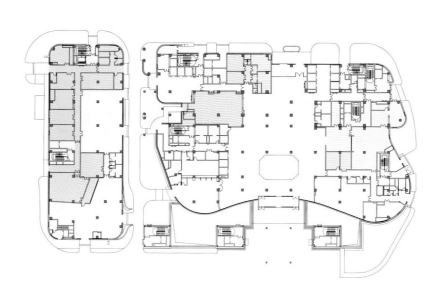

收费挂号
门诊药房
日间药房
医生办公 / 淋浴区
消控中心（安保）
厨房
餐厅（员工 / 对外）
设备机房
公共区域（入院大厅 / 商业服务）　　　　　　　一层平面图

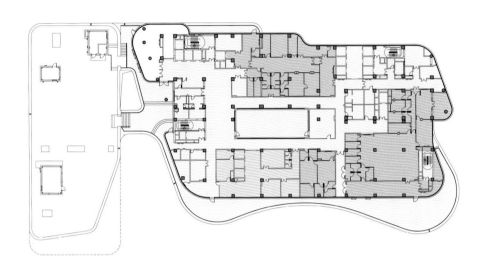

MDT
生化免疫中心
静配中心
血库
阅览室
设备机房
公共区域（走廊／休息区／电梯厅）　　　　三层平面图

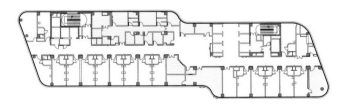

住院病房区
医护办公区
公共区域（走廊／活动区／电梯厅）　　　　七层、八层平面

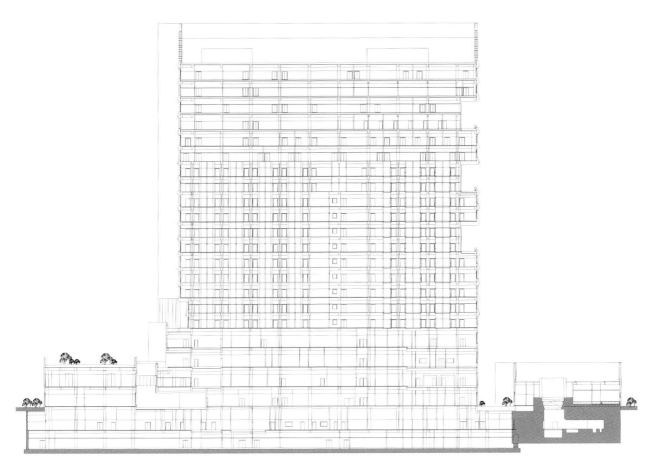

剖面图

华西国际肿瘤治疗中心

项目团队： 陈国亮、竺晨捷、陆行舟、王纯久、严嘉伟、张栩然、王沁平、张伟程、钱锋、万洪、饶松涛等
合作设计单位： 美国 HKS 公司（建筑方案、初步设计）

主题花园，"竹林"意向

华西国际肿瘤治疗中心项目旨在建立一个立足西南、辐射亚洲、服务全球的全生命周期的国际肿瘤治疗园区，集医疗、教学、研究、商业为一体，形成完整的医疗产业聚落社区。

该项目一期包括医疗综合楼、重离子质子治疗楼、门卫和其他附属设施，以及二期"起步区"的国际交流中心。总建筑面积 229 390 平方米，规划床位数 500 张，日门诊量 1125 人次。门诊主要采用预约制。

该项目二期"拓展区"位于一期建设用地南侧的拟征用地中，拟建临床治疗中心、肿瘤健康管理中心和二期架空平台。

该项目的一期基地位于四川省成都天府国际生物城 SWC2019-03-010 地块。地块东至康复路，南至一、二期之间的弹性道路，西至规划道路，北至环湖路。建设总用地面积 68 562.52 平方米。基地地形基本为平地，南北方向长约 308 米，东西方向长约 349 米。

人性化的设计理念

1. 微城市：建立以生产空间为主题，生活空间为配套，生态功能为支持的"微城市"空间结构。园区内各功能相互协作，有序竞争，共同发展。

2. 文化记忆：注重城市文化标志的留存，通过设计手法的转移，结合现代的材料和经验，营造有记忆的文化氛围。

3. "公园城市"：突出生态价值，遵循可持续的绿色生命系统和"公园城市"理念，依托自然生态景观，营造"花园式"的舒适疗愈体验。

4. 人性尺度：将对人性空间尺度的研究扩展为院区空间尺度的"宜人性"，打造小尺度街区规划设计，将"以人为本"贯彻到底。

5. 全过程肿瘤治疗：打造全过程、一站式、可持续的癌症医疗园区。

规划和建筑单体功能设计

由于基地用地紧凑，我们采用了"单体集约、整体围合"的总体布局模式，在预留二期发展用地的基础上，将一期三大主要功能建筑单体合理地布置在基地当中，并呈围合态势，形成趣味建筑聚落的同时，通过架空连廊加强单体之间的连接关系。

1. 医疗综合楼

建筑采用集中式布局，地上分为门诊医技部、北区住院部和南区住院部三部分。建筑一至五层的门诊医技部分主要设有急诊室、门诊、医技（手术中心、放射科、功能检查等功能）、行政办公、科研用房等功能，其中门诊设置在二层。五层为屋顶花园和净化设备机房。

我们在住院部采用双塔楼形式，南区住院部的建筑高度为 50.39 米，北区住院部的建筑高度为 65.4 米，主要设有标准护理单元、特需护理单元、特需病房等功能。

通过我们的设计，地下一层包括车库、药库、物料管理、厨房、员工餐厅等功能；地下二层为放疗中心，包括核医学科、放疗科和重离子质子治疗中心，另设停车库、人防用房、太平间和垃圾房等；

地下三层为停车库、人防用房和设备用房。

2. 重离子质子治疗楼

我们通过设计将重离子质子治疗楼地下室部分与医疗综合楼地下部分进行了无缝衔接：在地下一层设置放疗中心入口门厅，通过垂直电梯可直达地下的二层放疗中心（包括核医学科、放疗科和重离子质子治疗中心）。我们在地上一层设置了该楼的次入口门厅和重离子质子设备必需的设备机房，在地上二层设置了放疗门诊办公。该楼与医疗综合楼二层放疗门诊区域的主要连接通道是架空连廊。

3. 国际交流中心塔楼

国际交流中心塔楼采用集中式布局。地上一至五层为会议交流功能，主要设置 400 座报告厅和不同规模的大、中、小型会议室，辅以商业餐饮功能；六层为培训中心，包括模拟教学和教室等功能；七至十五层为临床研究中心 GCP（实验室）。

国际交流中心塔楼设置两层地下室。地下一层包括与医疗综合楼连接互通的放疗科拓展区，以及设备机房、车库；地下二层为车库、设备机房、垃圾房、人防用房等功能。

出入口和流线设计

1. 出入口设计

该项目一期用地南高北低，西高东低，高差约12.5 米。医疗综合楼在地下一层设置门诊、住院和后勤的车行主入口，通过弹性道路环岛进入医院；在地面层设置人行的主入口，通过景观广场进入医院。严格的人车分流保证行人安全的同时，也提供了优质的景观条件。此外，我们沿东侧康复路设置了重离子质子治疗楼和国际交流中心专用出入口，沿西侧道路设置了救护车和急诊出入口，在基地西南角设置了员工出入口，沿北侧道路设置了污物专用出口。

2. 交通流线设计

通过地下层、地面层和架空层的动线设置，我们将院区内的交通流线立体化、系统化，解决了日常大量门、急诊人流带来的交通压力。我们充分利用基地的高差优势，将人、车流线明确区分开来，有效避免了在有限空间内的交通拥堵。

我们结合基地景观系统形成了院区内有特色的弧线形交通线路，围绕建筑单体形成局部的闭合环路，结合地面停车设计，形成科学、高效的交通体系。

3. "洁""污"流线设计

中心供应中转站位于医疗综合楼三层，无菌品、一次品等洁净物品通过专用洁净物品电梯送至三层中转暂存，也可直接运送至四层手术中心。需要消毒的污染物品通过专用污物运输电梯送至地下二层的待清洗器械暂存间。

各功能区域和各护理单元的医疗垃圾通过住院楼污物运输电梯定时送至地下二层的污物暂存处，再由医疗垃圾专用车辆运出院外；生活垃圾通过管道传输系统送至地下二层的垃圾站，由市政垃圾车定时运出院外；各护理单元、手术部、导管室等区域的污衣和被服通过被服收集系统定时送至地下二层的洗衣房进行消毒洗涤。

绿化景观设计

该项目的景观以"绿色公共空间"为设计目标。其含义不仅是为了休闲娱乐，或作为城市绿色基础设施，更涉及社会公共健康水平的提高。

该项目以人性尺度定义院区规划的空间尺度，力求打造宜人的小尺度街区。各功能区的塔楼相互围合，形成具有场所感的空间形态。向心式的中央圆环连接各主要建筑的入口，利于各功能区块之间的联系和人流引导，满足了便捷通达的交通功能诉求。我们充分利用场地高差，打造了贯穿基地的纵向绿化带。该景观带不仅为院区带来了良好的环境，也将步行和乘坐公共交通到达院区的人流通过绿化带联系了起来，与地面的车行系统完全分开，实现了人车分流。我们的设计不但建立了一个院区内安全、人性化的交通系统，而且还丰富了人们到达医院的方式和体验，更将医院与周边城市环境紧密联系起来。

在该项目的景观设计中，我们提出了"花园式医院"的设计概念，希望借此在改善室内外的环境质量的同时，更为医患提供一个绿色生态、舒适宜人的诊疗和工作环境。我们利用丰富的植物群落协调景观功能，创造出具有缓解心理压力的疗愈环境。

考虑场地建筑的不同功能属性，我们在设计中分期打造医院景观，并为每一座花园赋予不同主题。一期：住院门诊部——"疗愈花园"，重离子质子治疗中心——"禅意修心花园"，国际交流中心——

生态花园。二期：分诊中心——"康复花园"，查体中心——"林荫花园"。我们的设计在满足不同人群使用功能的同时，注重绿地康复功能，并局部引入园艺疗法，将疗养、沉思、康复、休闲等功能遍布在医院建筑的室外空间。

建筑立面设计

该项目建筑立面设计的灵感来源于成都的自然景观——"竹林"这一意象。我们通过强调绿色的竖向杆件，营造一种垂直、向上、简约、抽象的"竹林"形象。一方面从自然出发，结合基地周边良好的自然景观，共同彰显"建筑即自然"的设计理念；另一方面，考虑肿瘤病患大多容易抑郁和焦虑，希望借建筑本身带有的从自然中提取的颜色带给病患以积极的充满活力的心理暗示，帮助他们树立战胜病魔的信心。

医疗综合楼的外墙材料主要采用银白色和香槟色的金属铝板，配合三种不同深浅的绿色金属杆件，营造出疏密有致的"竹林"感觉。此外，在局部区域，还有垂直绿化墙面的设计。国际交流中心的外墙材料主要采用银白色金属铝板，塔楼层间采用深灰色铝板。所有建筑外立面均采用窗墙系统，玻璃采用Low-E透明玻璃，营造出轻盈的建筑效果，同时也为室内空间带来良好的采光。

华西国际肿瘤治疗中心项目作为天府国际医疗中心核心区的首个重点项目，由成都医投集团投资建设，并由美国HKS和上海院创新合作，采用全过程建筑师负责制的模式予以实施。设计着重在建设一个全生命周期的国际肿瘤治疗园区，通过分期、分步建设，最终得以形成一个完整的医疗产业聚落社区。

N

总平面图

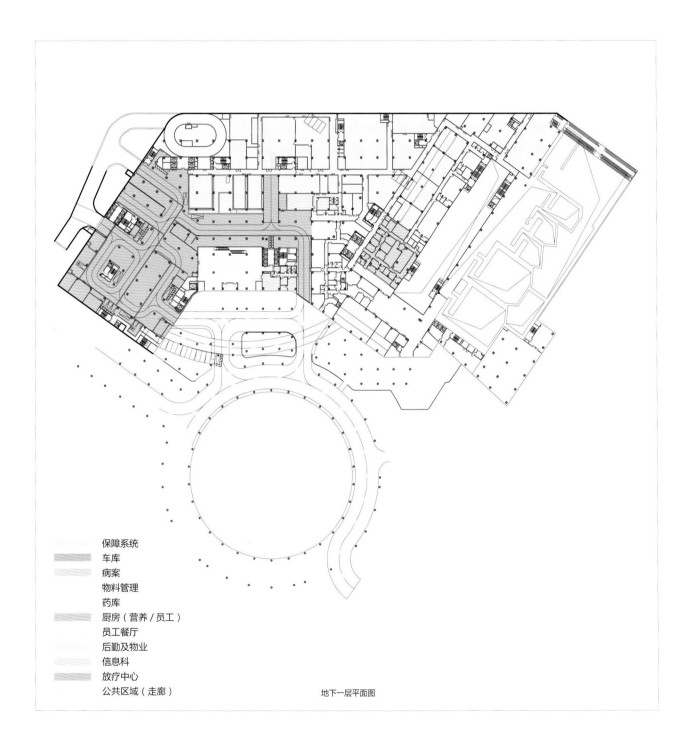

保障系统
车库
病案
物料管理
药库
厨房（营养／员工）
员工餐厅
后勤及物业
信息科
放疗中心
公共区域（走廊）

地下一层平面图

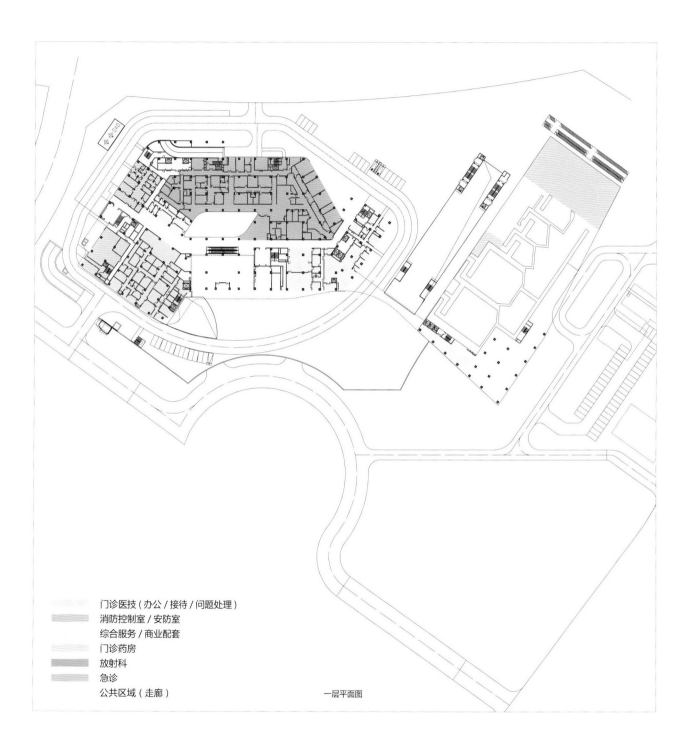

门诊医技（办公／接待／问题处理）
消防控制室／安防室
综合服务／商业配套
门诊药房
放射科
急诊
公共区域（走廊）

一层平面图

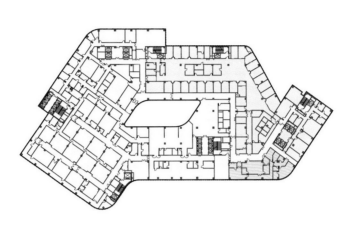

手术中心
重症病房 ICU
输血科
公共区域（家属等候 / 电梯厅）   四层平面图

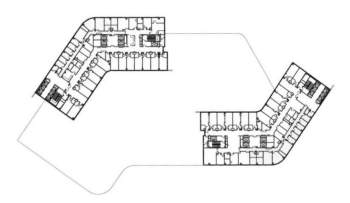

病房区
治疗准备 / 抢救区
医生值班 / 工作区
公共区域
屋顶绿化（上人屋面）   六一八层平面图

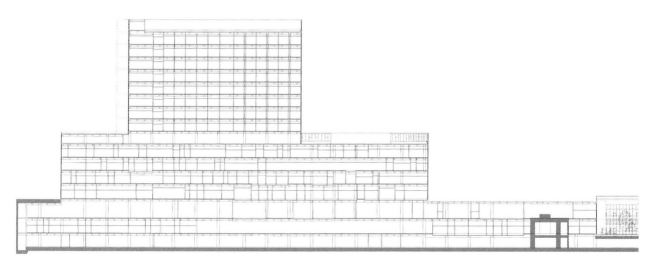

剖面图

广州泰和肿瘤医院

项目团队： 陈国亮、郏亚丰、李雪芝、张苊予、徐怡、贾京、滕汜颖、钱峰、万洪等
合作设计单位： 美国 HKS 公司（建筑方案、初步设计）

"五位一体"，独具匠心

广州泰和肿瘤医院是华南地区首家引进的集临床治疗、教学、科研、培训、远程诊疗 "五位一体"的综合性肿瘤专科医院，配备有以质子治疗为特色的肿瘤放射治疗中心。作为中山大学国际健康医疗研究中心的三大子项目和"中新广州知识城生命健康板块"核心项目之一，广州泰和肿瘤医院的建设直接反映了广东省医疗事业与国际接轨的雄厚实力。

该项目基地位于广州市中新知识城南"起步区"，规划用地面积33 333平方米，一期建设工程主要为集门诊、医技、住院为一体的医院综合楼以及包括垃圾房、液氧站等在内的功能性附属建筑。地上建筑面积约22 475.3平方米，地下建筑面积约20 236.8平方米，总建筑面积约42 712.1平方米。医院综合楼高度38.8米，设置2层地下室。

设计在遵守中山大学肿瘤防治中心知识城总体规划原则的基础上，坚持"以人为本"的理念，充分尊重并结合中央山丘的原貌和标高，打造出一所技术与艺术紧密结合的现代化大型综合特色专科医院，具体设计策略如下：

（1）坚持可持续发展原则

我们在该项目的规划设计初始就明确了"整体规划、分期建设"的可持续发展策略，在保证医疗功能合理、医院运转正常的基础上，将总体建设分为三期：一期建设整个医院的核心功能区——医技、住院病房楼，二期增建住院病房楼，三期建设实验办公楼。我们通过在构造中预留连通口的方法为新旧建筑体量的结合预留充足的操作空间，以使二期增建后的住院病房楼集约成为一个高效运转的有机体。

（2）以质子和光子治疗为中心组织功能流线

在一期建筑的功能规划中，我们将最重要的质子和光子治疗中心作为核心功能区来布局功能流线。医技楼西侧的质子区和东侧的光子区共享位于中部位置的医技设施，在实现资源最大化利用的同时，两个区域又享有各自独立的功能流线；北侧的门诊区通过"阳光过厅"与医技功能区相连，这样的布局不但方便了医患往来，更缩短了服务动线。我们通过清晰明确的功能分区和高效合理的分区连接方式实现了病患就医的便捷性。

（3）垂直交通的分流设计

在该项目垂直交通的动线设计上，我们采取了通过功能电梯将人流巧妙分流的方式，即通过就诊电梯和服务电梯、公共电梯和 VIP 电梯、公共门诊电梯和住院访客电梯、污物运送电梯和医材配送电梯等不同功能流线在建筑垂直向上的划分，将复杂的医院流线分门别类，用最短的路径、最快捷的方式将人流引导至各自的目标功能区。通过清晰合理的垂直交通分流设计，极大地缓解了综合医院流线复杂交叉的问题，提高了医院整体的运转效率，优化了病患的服务体验。

（4）"阳光大厅"与屋顶花园设计

在该项目的设计中，我们将体量高的病房楼设置在基地北侧，将体量较低的医技楼设置在南侧，以避免裙房屋面处于大面积的塔楼阴影区中，保证了屋顶花园的自然光照条件。上述两栋塔楼之间的"阳光大厅"既起到了连接两个功能体量的交通核作用，又将自然光照与环境景观引入至底层门诊区域和医技区域，有效缓解了低层建筑体量中的空间压抑感。

（5）质子区空间设计

我们结合质子治疗功能区的自身特点进行了针对性的设计：一个回旋加速器和四个质子治疗舱通过该区域左侧的"束流线长廊"串连起来，区域右

侧为控制室和病患更衣准备区。人员进出口处都设有迷道。

质子治疗在地下一层，地下二层为治疗舱和回旋加速器的设备基座。我们在建筑一层顶板上方预留了治疗舱和回旋加速器的吊装口，并在其屋顶花园和中央山丘处覆盖了厚度达 1.5 米的土层。

我们汲取广东岭南地貌特征，在该项目的建筑立面设计中通过模仿山势与周围的环境融为一体。在住院楼的南立面，我们设置了金属板，使立面开窗形成层叠的效果，而横向长窗的曲线变化宛如岭南地区那绵延的山脉……将外部景观引入室内的同时，大面积的玻璃幕墙使得室内视线畅通无阻，而幕墙上的陶板则起到了控制反射光和保持空间私密性的作用。

广州泰和肿瘤医院的设计着重探索了特色技术型医院与现代化医疗体系建设的结合方式。以核心功能空间为主体，合理布局功能和交通动线，巧妙融合室内外景观环境，坚持可持续发展的设计原则，兼顾地域特色——以上都是该项目设计的独具匠心之处。

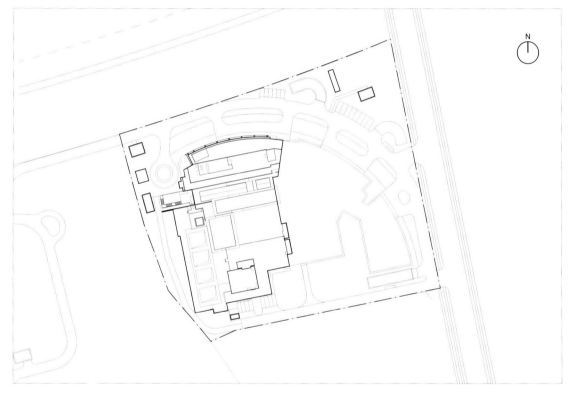

总平面图

兰州重离子肿瘤治疗中心

项目团队：陈国亮、竺晨捷、朱骏、陆行舟、蒋镇华、张伟程、汤福南、陆振华、孙瑜等
合作设计单位：甘肃省建筑设计研究院有限公司（施工图设计）

内外兼修，打造高水准肿瘤治疗中心

兰州重离子肿瘤治疗中心拥有国内首台重离子浅层和深层肿瘤治疗终端的重离子加速器，是一所具有较高医疗水平的肿瘤专科医院。通过医疗硬件环境的提升，引进先进的医疗设备，增加服务功能，培养和引入专业技术人员，扩大医疗保健队伍，改善兰州市的医疗服务环境，提高医疗服务质量。该项目总建设用地约 3.33 万平方米，功能设置包括 PT 区、能源动力中心及其保障设施、后勤与污物处理等附属设施。

我们通过设计充分考虑并满足了该项目作为以质子重离子放疗为主要治疗手段的肿瘤专科医院的建设要求，处处为病患和医务人员的便捷使用提供方便，力求做到功能布局合理、操作流程科学、防护措施可靠、污废处置规范，营造出优雅、温馨的疗愈环境。

PT 区单体设计

该项目的 PT 区位于一期用地的北部，为一栋多层建筑，地下 1 层，地上 2 层，主要功能为放射治疗及其研究，总建筑面积约 1.99 万平方米。地下一层为质子重离子放疗的主要区域（包括加速器、高能输运线、治疗室等几部分），此外，还设置有放疗准备区和光子放疗中心。

治疗区域用超厚混凝土包裹，除管道和逃生通道外，与其他区域完全隔绝，以避免装置运行时高能量的物质泄露。治疗区域的墙体（包括顶板和底板）厚度经过了防辐射专门计算与设计，与外界相通的管道和通道也都设有可通过多次转折隔绝辐射的迷道。

治疗区通过西侧采光通廊与放疗准备区相连。放疗准备区包括更衣间、固定支架安装室、PT 定位室等房间。治疗区北侧是病患等候区和医生办公室等功能。病患等候区为一个开敞的空间，顶部设置天窗，将室外景观和自然光线引入室内，这是一个既安静又不失生机的等候环境。

建筑地面一层的东南部是"隧道"延伸空间，其他区域的功能设置为技术保障和科研交流区域、光子放疗中心门诊部、报告大厅等。病患经由门厅到达接待处，再经由垂直交通下达等候大厅候诊。

立面设计

该项目的主体建筑体量由大尺度的立方体与玻璃幕墙穿插、交接而成。PT 区采用了浅色石材和大面积开窗，以加深建筑表皮材质的层次感。整栋建筑挺拔且韵律感强烈。

我们通过不同的材质和精心设计的栏板、肋条凸显了建筑立面的精致多变。在满足室内使用功能的前提下，恰到好处的立面设计更能彰显建筑挺拔的身姿，为人们提供了一个良好的视觉印象，从而增强其对医院专业权威的信心。

兰州重离子肿瘤治疗中心是一个将科学性、功能性、高效性贯彻到底的设计，我们从提升病患就医体验出发，打造出一个舒适宜人的现代化肿瘤治疗中心，提升了我国整体医院建筑的设计水平。

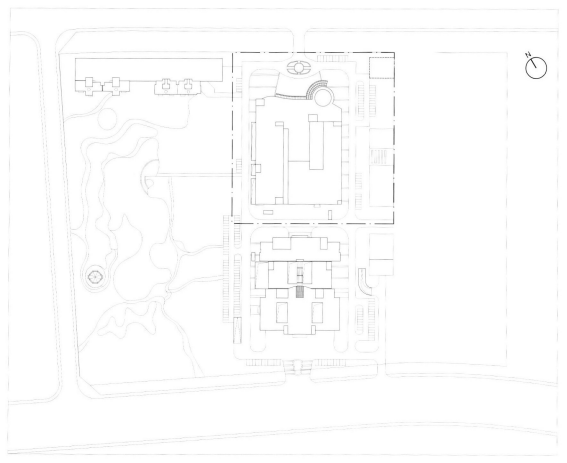

总平面图

重庆全域肿瘤医院质子中心

项目团队：竺晨捷、陆行舟、张栩然、陈蓉蓉、王沁平、张伟程、滕汜颖、钱锋、万洪等
合作设计单位：中煤科工集团重庆设计研究院有限公司（施工图设计）

空间承载功能，技艺造就特色

重庆全域肿瘤医院质子中心作为全国首座小型化质子治疗中心，是重庆万州的重点民生项目。该中心的建设目标是为川渝地区的肿瘤病患提供更好的医疗服务。为此，该中心不但引进了国际领先的小型化质子设备，更配置了全面系统的肿瘤治疗医技科室，力争以国际领先的质子治疗技术为病患提供专业、安全、高效的高端医疗服务。

项目运行的高定位要求建筑设计一定要以系统性、功能性、高效性和集约性为前提，将空间与功能完美结合，实现现代化高科技医疗系统的科学建设。该项目建设地点位于重庆市万州区万州医药产业园内，总用地面积 16 758 平方米，总建筑面积 28 733 平方米。

1. 源于自然的总体造型

万州地处重庆东北部、三峡库区腹心，长江水运通道穿境而过。我们根据万州的地域轮廓，将其抽象获得的矩形体量作为建筑的基准体块，又将长江水流柔美的线条意象引入玻璃顶虚空间，并使其从建筑体块中间贯穿而过。柔美的曲线要素使建筑整体显得轻盈、灵动、生机盎然，两侧体块顺势退让、错动，虚实结合，外刚内柔。我们用虚空间串联了基地主要出入口、建筑主出入口、门厅和公共休憩空间。该项目与其南侧"重庆全域肿瘤医院"的曲线及场地设计相结合，呼应其空间肌理，顺势而成，形成了总体环境中的空间对话。

2. 和谐共生的有机整体

对于"重庆全域肿瘤医院"，质子中心不仅在空间形态上与其和谐呼应，也在功能上与其相辅相成，其设置的各种功能可以为肿瘤病患提供更先进、全面的治疗。此外，我们通过设计将二者的"洁""污"流线统一管控，将二者的强弱电、污水、雨水管线等机电管线相互连通，以使二者成为一个有机整体，实现总体化的运营管理。

3. 人性化的医疗理念

基于"以人为本"的医院建筑设计理念，我们的设计时刻以病患的体验为出发点，采用紧凑、集约的总体布局，通过水平与垂直向的交通构架紧密连接各个功能科室，合理组织不同的功能流线，不仅实现了高效的医院运营管理，也为病患提供高效、温馨的就医体验。

4. 现代化的医疗模式组合

根据现代化医院的医疗模式，我们融合质子中心、放疗科、核医学科三大医技科室，结合公共空间合理组织建筑的功能布局，使各功能分区相对独立的同时又彼此连通，方便病患的同时，使建筑内部功能成为高质、高效的有机整体。

5. 多层次的绿色共享空间

除在基地中规划景观庭院空间和环绕建筑的散点式公共空间外，为破解集中布局的建筑体量感，我们还引入了多层次的室内绿化空间、平台绿化空间和屋顶花园，力求在立体标高维度为室内空间引入更多的绿意与阳光，打造"花园式医院"亲切舒适的就医环境。

重庆全域肿瘤医院质子中心综合了最前沿的质子治疗技术与全面的肿瘤治疗医技科室，整体设计科学集约，高效能的空间布局与重要的医技功能相辅相成。我们以全面的设计手法实现了医疗技术、建筑空间、自然环境的有机融合，打造出又一个高端的"疗愈场所"。

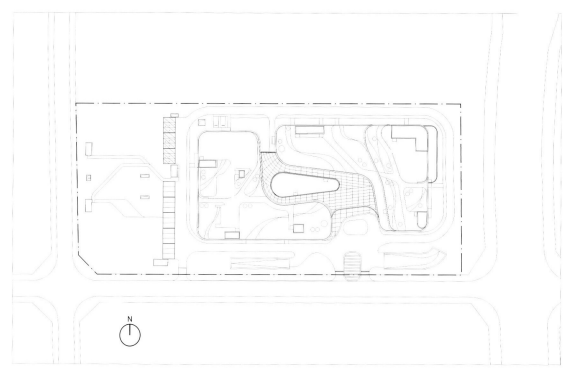

总平面图

新冠肺炎疫情下城市
公共卫生体系建设的再思考

RETHINKING THE CONSTRUCTION OF URBAN PUBLIC HEALTH
SYSTEM UNDER THE NEW CROWN PNEUMONIA EPIDEMIC

2019 年 12 月底，湖北省武汉市疾控中心监测发现不明原因的肺炎病例，全国疾控系统迅速吹响集结号，近千名疾控和公共卫生人员逆行出征、千里驰援，毫无畏惧地投入疫情防控工作中，用初心和担当、爱心和坚守为人民生命健康构筑起一道道安全防线。

面对新冠肺炎疫情（以下简称"新冠疫情"），全社会再次聚焦我国公共卫生和健康医疗服务体系，这也再度引发我们对中国医疗设施如何更好地应对突发的大规模传染病以及如何提升防灾应变能力的思考。对此，许多专攻医院设计的建筑师做了有益的探索和实践，也发表了许多真知灼见。

虽然中国改革开放以来，经济、科学技术和医疗设施建设水平都得到了持续、高速的发展，但就全国性突发公共卫生事件的应对能力而言还存在着不尽如人意的地方。面对疫情，能够保持冷静、理性的头脑极其不易，消极和反应过度都不是科学的态度。单就医疗设施建设而言，我认为可以从以下三个方面进行改进和完善：

（1）规范和标准方面

可以将此次新冠疫情看作是对目前中国医疗设施建设（尤其是传染病医院建设）的一次全面检验，帮助我们对现有的医院建筑设计规范、建设标准进行系统评估、修订，以便更加科学地指导今后大量的医院建筑的设计和建设。

（2）城市规划方面

为应对大规模突发性的传染病疫情，结合中国国情，每个城市至少应配置一所高标准的传染病医院，正如 17 年前我们负责设计的"上海市公共卫生临床中心"。这是集临床诊疗（平时 500 床；战时可快速搭建临时病床，达到 600 床）、临床研究（两间 P3 实验室）、教育培训三大功能于一体的现代化多功能的医疗中心。2019 年的新冠疫情发生后，上海市公共卫生临床中心成为上海市最重要的确诊病患的指定收治点。这里不但诊疗环境安全，设施先进，治愈率高，而且集结了全市最优秀的医疗专家团队，他们共同研究、制定各种治疗方案和各类技术导则，从而确保了上海对疫情的强大抵御能力。

在经济条件许可的前提下，可规划建设若干可全部或部分转换的传染病医院。其平时用作综合医院或其他专科类医院，在有突发情况时，可在第一时间完成快速转换。当然，在项目选择时要结合医院自身的学科特点、技术能力，同时考虑建设规模、投资和日常能耗等问题。我们在设计上应根据这种全新的运营模式，引入完全不同的设计理念、设计技术和设计方法。

预留城市灾备空间，配套齐全的市政设施。在非常时期（例如传染病疫情、核泄漏、恐怖袭击、地震、洪水等重大城市公共事件发生时期），我们可以快速建设紧急救援设施（类似于战地医院），灾害过后，可以快速拆除，重复利用。这是性价比较高的应急方式。对此，我们可以开展更多的相关技术研究。

（3）建筑设计方面

对中国现有的传染病医院，尤其是近期新投入使用的传染病医院进行系统评估，及时总结经验，为我国传染病医院建设标准、设计规范的修订提供重要的依据和参考，从而进一步提高我国传染病医院的设计与建设水平。

我们应该清楚，从建设面积标准、机电设施配置、投资控制等方面来看，常规的综合医院无法满足安全隔离传染病患的严格要求；但是，在发生重大疫情时，这类医院可以履行极其重要的、量大面广的筛查职能。2002年"非典"疫情发生后，政府在建设综合医院时都强制配备了发热、肝炎、肠道门诊，以及具备隔离病房等功能的感染中心。今天面对新的疫情，感染中心的建设规模、接诊能力是否依然能满足要求，流线是否合理，均应重新进行评估，以决定是否需要调整。

据此，今后在进行综合医院设计时，可在发热门诊外预留一定的室外空间，平时作为停车等功能使用，疫情发生时，可以搭建临时用房，进行快速且符合标准的"扩容"，扩大发热门诊的接诊量，降低人员的密集程度和被感染的可能性。通过建立"发热门诊"-"转换医院"-"公共卫生中心"的多层级防御体系，城市就有了从"筛查"到"疑似隔离"，再到"确诊救治"一套完整的机制保证。另外，我们也要更关注医疗工艺的流程设计，尽量减少病患的交通流线长度，缩短就医时间，减少病患与病患之间的接触，例如在门诊大厅、候诊区等处，即使在春秋流感季也可有效降低病患间相互传染的风险。

在此次新冠疫情中，武汉的雷神山、火神山医院在极短的时间内建成并投入使用，既得益于中元国际工程设计研究院第一时间把其17年前北京小汤山医院的全套图纸和建设经验与武汉同行分享，也得益于参与项目设计的每一名建筑师的专业、敬业和无私、无畏的奉献。然而，整个建设和后续过程中还是或多或少有些不足，我们需要更多地从技术层面来做总结和研究，以便在未来遇到类似突发事件的时候，可以表现得更加从容一些。在此，我想结合三个案例就城市公共卫生体系建设问题展开论述。

案例一：传染病专科医院的建设——上海市公共卫生临床中心

这个项目比较早，为什么拿出来分享？因为我觉得当时的一些设想即使到

　　了今天来看还是有价值的。2003 年，上海市公共卫生中心从设计到施工完成花了大约 1 年的时间，虽然对于"非典"疫情没能派上用场，但对于新冠疫情真正发挥了作用。每年政府拨款 8000 万元用以维护这个医院的运转，时至今日可能已有 14 亿～ 15 亿元的投入。"养兵千日"就是为了今天的"用兵一时"，这里成为上海所有新冠病患收治的最重要的医疗点，这里的医护人员零感染，实现了我们当时希望为上海建一个"健康堡垒"的目标。

　　医院位于上海的郊区金山，建设用地周边有约 500 亩（333 333.5 平方米）林带作为缓冲区。总建筑面积为 80 000 平方米，规划床位数为 500 张，另外还可以搭建 600 间临时病房。在总图布局中，污染区位于地块中间部位，包括了门急诊和两个组团的传染病病房。南侧组团是"非呼吸道类型传染病"的病房，北侧则为"呼吸道类型传染病"的病房。每个组团各 250 张床位，由四栋病房楼组成，相对独立。

　　西侧交界处的建筑是临床药物研究中心，还有 P3 实验室，外侧是能源中心、保障中心等配套辅助设施。用地西北角是污物处理和焚烧炉。东南侧是安全区，包括访客中心、学术交流中心、培训中心和培训学员生活区。

　　建筑平面包括了各种类型的传染病门诊、医技等。二层是手术中心和临床检验中心。这是 18 年前我们做的负压传染病病房，基本上延续着"三区两通道"

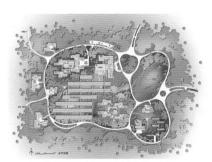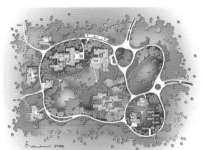

的布局。医护人员通过"二更"进入工作区，通过缓冲间进入病房。当年，很多设计规范和标准还不完备，因此也做了很多课题研究，包括怎么去做负压隔离或负压病房，以及当时的建筑材料怎么做到建筑不漏风等，这些都是令我们很头疼的问题，但最终实现了负压梯度。

该中心采用了先进的医疗设备、机电系统和信息管理技术，以满足传染病医院特殊的安全、节能、高效的医疗服务要求。在重症监护室、烈性呼吸道传染病病房都采用了"负压空调系统"，以保护在病区工作的医护人员的健康。我们在科研楼设立了两套三级生物安全实验室，在动物楼设立了一套三级生物安全实验室，开展对人体、动植物或环境具有高度危害性的致病因子的处理和研究。

案例二："平疫转换"技术的研究——上海市周浦医院北院应急改造工程

2021 年 2 月初，我们接到上海市周浦医院北院应急改造工程的任务，计划老医院通过改造收治新冠疑似病患。医院位于浦东新区，周边有较多居住区。原有医院和居住区间有 20～30 米的绿化间距，为"平疫转换"创造了一个很好的条件。

原有医院是在 20 世纪八九十年代设计建造的，在建筑和室外庭院环境融合上做得非常有尺度和意境。基地中间主要由两组建筑组成，前面一组是三四层的建筑，主要功能是门诊，后面六层的建筑是住院部，我们把当中几个零星搭建的建筑去除并规整。住院部南边有一个不大的硬地软土环境，一些植被和树木都生长良好，所以我们予以保存。

这个项目的设计要求不同于北京的小汤山或武汉的雷神山、火神山医院。首先，它是一个长期服务的医疗机构，要求在疫情时可以收治传染病病患，平时则作为社区卫生中心。其次，对于收治病患时有一个比较高的设计要求，即从安全角度考虑，收治疑似病患需要负压单人间。该项目总建筑面积约为 18 000 平方米，可提供 100 间单人的负压病房。

疫情期间，疑似病患全部从东侧传染病病患的独立出入口进出，原则上这里不设置筛查功能，接受的都是转诊病患。非疫情的平时，所有主要的交通出入口都以南侧为主，东侧只作为医院物的出口。

原病房的进深受到很多限制，主要通过一条走廊来组织住院部平面。这次改造在建筑北侧做了扩展，在建筑南侧和东侧各增加了小的局部，保证了"三区两通道"的实现。医护人员从安全区穿防护服后进入工作区，随后进入病房和病患的专用通道。病患专用电梯、污物电梯都符合传染病医院的严格要求。病房在非疫情的平时，可恢复到以三人病房为主的形式。北侧一部分用房继续保留医疗功能，其余用作住院辅助功能。

由于负压病房对建筑密闭性的要求，每个房间都有一个内壳设计。因为有缓冲间，所以增加了很多门。为保证负压可实现，所有门需做密闭处理，同时传递舱和穿越不同区域的管道都需要做密闭处理。另外，因为要收治疑似病患，所以污染区里要确保每一间病房相互之间的空气隔离（这跟确诊病患收治环境还有所不同）。

该项目对于空调设计还有一些特殊要求，包括全新风的换气次数，新风进来以后的高效过滤，尤其是排放需要做到零泄露，并且在末端须做高效过滤。我们为此做了"平疫共用一套空调系统"的研究，以保证空调运营的便捷（非疫情期间通过管线的搭接和控制阀门来减少新风的换气次数，从而降低能耗）。同时我们还做了普通空调的模拟设计，对二者做了能耗上的比较（在这样的情况下，全新风系统比普通系统多了 15% 左右的能耗，运营代价还是非常高）。对于弱电系统，为了疫情的需要，增加了很多监测点来控制负压和负压环境的指标，代价也不小。该项目病房改造预估的单平方造价 9000 ～ 10 000 元。

完成设计后，由于上海疫情得到了较好的控制，该项目没有全部建成。通过整个设计和相应的技术研究，我们建议：平疫转换的床位规模跟城市容量应该相匹配。因为疫情时期，老百姓仍然有很多重大疾病需要就医，所以原则上不应该将新冠病患安排在收治疑难杂症、急危重症病患的三级甲等医院，可以在二级医院或者中医院安排平疫转换的设施。此外，对于建设标准、投资的经济性和日后运营的经济性都需要进行综合考量。

案例三：城市疾病控制中心的重要性——上海市疾病预防控制中心异地新建工程

由于历史原因，上海市疾控中心业务用房长期处于紧张状态，随着工作量持续增加和业务范围的不断扩大，业务用房严重不足的矛盾日益突出。2020 年新冠疫情防控期间，市疾控中心业务用房不足的问题进一步凸显，在一定程度上影响了市公共卫生应急指挥中心的运作。为推进疾控体系现代化建设，保障超大城市公共卫生安全，优化卫生防病资源，上海市政府决定建设上海市疾病预防控制中心异地新建工程。该项目的建设目标：基础设施达到国际先进、国内领先水平，发挥硬件升级对功能提升、学科发展的促进作用，提升超大城市公共卫生应急响应、安全保障、健康服务、科学研究、循证决策能力，加快建成与上海城市功能定位相适应、辐射长三角、服务国家战略的现代化疾病预防控制中心，成为国际公共卫生发展的高地。

该项目位于上海市虹桥商务区主功能区北部 III-A01-08 地块，建设用地面积 34 153 平方米。项目建设规模共计 117 420 平方米，其中地上建筑面积 80 000 平方米，地下建筑面积 37 420 平方米。3 幢主体建筑自南向北依次为综合业务楼、微生物实验楼和理化实验楼，建筑高度 42.2 米，建设内容为应急指挥中心、国家突发急性传染病防控应急平台和高水平实验室平台。地下室两层（地下二层为民防设施），主要功能为生物样本库、菌种库、应急储备库、设备机房和地下车库。

园区总体布局为多个建筑单体和广场等公共空间的有机组合。我们在设计中充分考虑了疾控中心功能布局合理性、空间利用灵活性和室内外环境舒适性三者的有机融合。作为建设国内领先、国际先进的现代化疾病预防控制体系的重要一环，该项目坚持打造"高标准配置、功能优先、聚焦安全、绿色节能、个性化建筑造型"五大设计特色。

该项目的总平面布局严格遵循环保和控制污染的要求，结合多个广场、下沉庭院和屋顶花园，着力打造多层次的"城市花园"。在单体设计时，我们对标国内外先进专业机构，严格遵循实验室设计要求、根据实验室使用工艺和流程确定平面布局，同时引入共享空间，力求打造具有国际先进水平的重大设施和具有前瞻性布局的高等级生物安全实验室，并最大化满足常态化和重大公共卫生应急响应等特殊时期运作的需求。

该项目除建设常规实验用房外，还建设有疫苗 / 诊断试剂临床试验基地、新一代高通量全基因组测序平台、代谢组学研究与生物暴露监测检测平台等具有特殊用途、体现国际先进水平的功能实验室，为传染病防治、研究、教学、药品、生物制品生产等工作提供重要的基础条件，为国产药物、疫苗的研发和上市后的效能评价提供强有力的技术支撑。项目的建设凭借其技术优势，在丰富市疾控中心业务功能的同时优化卫生防病资源，提高公共卫生科技水平。

该项目作为拥有多种不同类型实验室的集中研究实验平台，对相关建筑设计提出了极大挑战。我们的设计以功能为先导来确定柱网尺寸，以 3.6 米为单元尺寸，通过上下错位来调节中间的弹性空间以满足空间的多样化需求。在设计过程中，每个实验室都会详细罗列设备配置，包括发电量、发热量、特殊气体排放、移动通风柜和生物安全柜的设置。此外，还有对整个弱电系统的需求，包括信息的管理、门禁系统和设施设备的监控等。温湿度、压力梯度、排水等的特殊要求同样需要详细罗列。P3 实验室上下要有两个设备夹层，以保证其特有的技术要求。

在满足机电设备要求的同时，怎样在这样一个功能性非常强的项目中创造更好的环境？我们设计了两个 L 形的实验楼，围合了一个长度 64 米 ×64 米的中

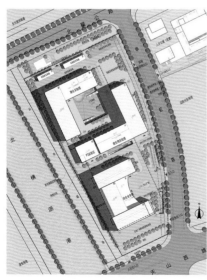

心花园，在东部二、三层的一个巨大挑空空间，可以让风穿越而入，达到改善环境小气候的目的。同时，通过屋顶花园、地面绿化和下沉式花园可以让更多科研工作者享受自然和阳光。

综合业务楼中间是由几个大空间构成的：一、二层是一个入口门厅，三、四层是一个可以容纳 500 人的多功能报告厅，顶层是一个两层通高的屋顶花园，由连廊连接。顶上是全市应急指挥中心和配套办公室，平常作为业务管理用房，疫情时期作为上海市各个部委的驻点办公进行疫情防控指挥。

进一步加强公共卫生体系建设是事关民生福祉、经济发展、社会稳定、国家安全的重要战略任务。该项目的设计与建设为提升上海公共卫生应急处置能力做出了重大贡献。

医院建筑设计是一项内容广泛、难度极高的系统工程，它需要每一名从事医院设计的建筑师的倾心投入，以及不断反思和总结、不断探索和创新。今天，面对行业态势、科学技术、运营模式、市场需求的重大提升与转变，建筑师所面对的种种难题既是机遇也是挑战。

我相信，正是由于在中国医院建筑领域拥有大批优秀的建筑师，他们夜以继日的不懈努力、辛苦付出，犹如燎原星火，中国医院建设发展的明天会更加美好，更加绚烂。

陈国亮
CHEN GUOLINAG

教授级高级建筑师

享受国务院特殊津贴专家

华东建筑集团股份有限公司专业总建筑师

华东建筑集团股份有限公司建筑专业委员会主任

上海建筑设计研究院有限公司首席总建筑师

医疗建筑设计研究院院长

中国建筑学会医疗建筑分会副主任委员

国家卫生健康委员会医疗建筑专家咨询委员会专家委员

中国医院协会医院建筑系统研究分会副主任委员

入选"2018 年上海领军人才"

2018 年获评"上海市杰出中青年建筑师"

图书在版编目（ＣＩＰ）数据

大医小成 / 陈国亮著 . -- 上海 : 同济大学出版社，
2021.11
　ISBN 978-7-5608-9961-9

　Ⅰ . ①大… Ⅱ . ①陈… Ⅲ . ①医院－建筑设计－文集
Ⅳ . ① TU246.1-53

中国版本图书馆 CIP 数据核字 (2021) 第 210500 号

大医小成

陈国亮　　著

策划：胡毅 | **责任编辑**：武蔚 | **责任校对**：徐春莲 | **装帧设计**：完颖

出版发行：同济大学出版社 www.tongjipress.com.cn
　　　　　　（地址：上海市四平路 1239 号 邮编：200092 电话：021-65985622）
经　　销：全国各地新华书店、建筑书店、网络书店
印　　刷：上海雅昌艺术印刷有限公司
开　　本：889mm×1194mm　1/16
印　　张：26
字　　数：832 000
版　　次：2021 年 11 月第 1 版　2021 年 11 月第 1 次印刷
书　　号：ISBN 978-7-5608-9961-9
定　　价：300.00 元